中　　华　　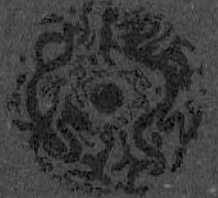　　服　　饰

丛书主编…万建中
丛书副主编…张巨才

Chinese Folk Culture Photo Book Series
中华民俗图文书系

中华服饰

农村读物出版社

李琼…著

图书在版编目（CIP）数据

中华服饰／李琼著.—北京：农村读物出版社，2009.10
ISBN 978－7－5048－5273－1

Ⅰ.中… Ⅱ.李… Ⅲ.服饰－文化—中国 Ⅳ.TS941.12

中国版本图书馆CIP数据核字（2009）第159909号

策划：刘宁波

责任编辑　李红枫
出　　版　农村读物出版社（北京市朝阳区农展馆北路2号 100125）
发　　行　新华书店北京发行所
印　　刷　中国农业出版社印刷厂
开　　本　720mm×1000mm　1/16
印　　张　9
字　　数　200千
版　　次　2010年4月第1版　　2010年4月第1次印刷
印　　数　1～8000册
定　　价　28.00元

序

中华民族经过几千年的风雨沧桑，形成了富有中国气派、博大精深的民族服饰文化体系。中华服饰如同中国文化，是各民族互相渗透及影响而生成的。在不同社会的文化背景下，服饰还承载着环境、生理和群体心态特征等千差万别的信息。不同民族、不同时期、不同地域文化的差异，反映在民族服饰情感语言文化方面具有各自不同的内涵和外延，但都体现着实用文化与审美文化的集中统一，体现着各自民族符号性的文化选择，民族服饰因接受了这许许多多不同文化背景下的视觉信息传达符号，便促使其生成了多种特色服饰语言文化。因此，民族服饰具有区域性和标志性的特性，并作为文化见证和信息传达媒体，展示了人类文化发展的历史脉络和文化精神，构成了人类文明进步的物质表现形式和历史文化确证。

我国是个多民族国家，56个民族都有其文化、风俗的差异，从而形成了丰富的民族特色及风貌。56个民族服饰艺术彰显了民族服饰细节的魅力，我国有历史悠久的侗族服饰、清秀淡雅的傣族服饰、粗犷的藏族服饰、热情的景颇族服饰、古雅淳朴的纳西族服饰、素雅轻盈的朝鲜族服饰、华美的汉服……各民族的服饰特点鲜明各异，象征华夏悠久的文明，也体现了民族艺术的魅力。中华民族服饰是各族人民情感的表述和记录，它的历史流变，记载下了一部广大劳动人民情感积淀、凝聚、物化、释放的演变史。

中国各民族在漫长的历史发展过程中所创造的光辉灿烂的民族文化，在其传统服饰上得到了直观的体现。它像无声的旋律，传递着各民族的政治、经济、文化、审美等多方面的信息，似一部多媒体的书，记载着各民族的生息繁衍和变迁的历史。人们的爱好、追求，人们的审美情趣，尽可以在服饰中得到应有的展现。服饰作为人类社会文明的产物，它的形成、演变标志着人类物质、精神文明的逐步提高，同时也是一个民族的审美观念和文化特征的集中表现。各民族服饰都有其独特之处，它给后人了解各民族的概况提供了资料，也给各民族进一步发展服饰文化提供了条件。

中华服饰文化博大精深，传递的信息丰富多彩，本书只能为您撷取几朵小小的浪花，以窥见其五彩斑斓的艺术世界。

目录 Chinese Clothing contents

序

壹 · 展示民风的名片 11

合儒家礼法的深衣 13
帔帛和云肩 14
独一无二的鱼皮衣 17
关东靰鞡 18
火草衣 21
艳丽奇异的惠安女装 22
狩猎民族的兽皮服饰 23
古老的树皮衣 26
越来越有韵味的旗袍 28

贰 · 传递爱情的信物 31

荷包 33
手帕 36
中国结 39
“千层底儿”和绣花鞋垫 41
腰带 45
肚兜 48
头花 51
簪钗 54
戒指 59
腰刀 60

叁 · 随身携带的灵器 63

保延寿命的长命锁 64
镇邪的虎形服饰 67
通神的玉佩 69
灵器满身的藏装 72

保平安的勾尖绣花鞋 75
驱魔的“鸡冠帽” 76
救命的木梳 78
护身的手镯 80
避蛇的花纹 83

肆 · 人生角色的标志 85

装扮区别年龄 86
服饰区别身份 99

伍 · 穿在身上的历史 103

叙录迁徙的往事 105
记叙重要历史事件 109
记录抵御外敌侵扰的战争 111
烙印远祖的记忆 116

陆 · 传诵动人的故事 125

撒尼姑娘的花包头 126
布朗女人的三尾螺银簪 127
基诺族的条纹衣饰和日月花饰 128
阿细人的花腰带 130
毛南族的花竹帽 130
彝族姑娘的锦服 132
纳西妇女的羊皮披肩 133
傈僳族姑娘的“欧勒”帽 135
白族姑娘的凤凰帽 136
维吾尔族姑娘的“艾迪莱丝”绸 138
苗族的花衣 140
主要参考文献 143

目录 Chinese Clothing Contents

壹 展示民风的名片

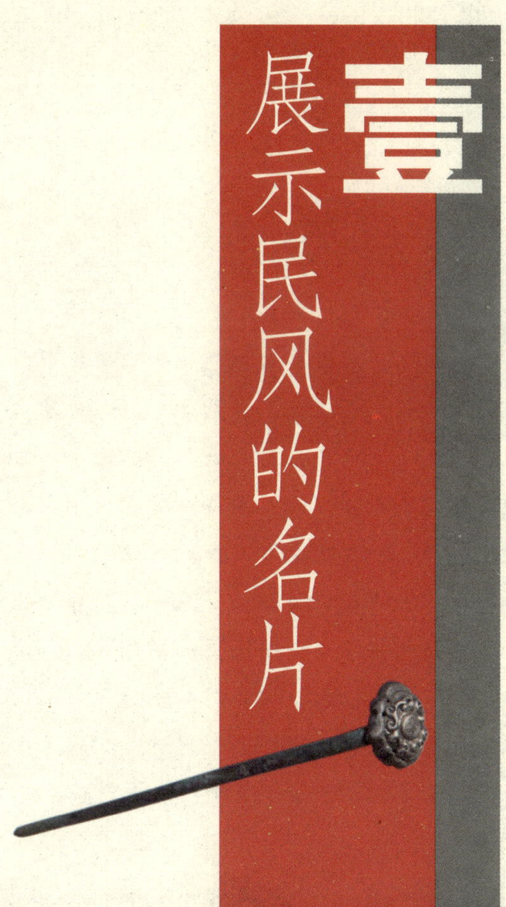

民谣说：“苗族住山头，瑶族住箐头，傣族住水头，汉族住街头……” 住在不同地方的人，看天穿衣，择地（物产）作服。人们的服饰，依天象地势之变而千变万化，形成与自然同构的审美风范。雪域雄奇，康巴汉子袍长袖宽，动则走尘运风，静则浑厚沉雄；水乡秀丽，傣家少女轻纱薄衫，清新灵动，举手投足，皆如行云流水；西北高原“胡服”矫健，一披一挂掩去大漠风沙；东南海滨“夷装”神奇，丝丝缕缕藏尽热带雨林的秘密……这既是有关民族服饰艺术的美学描述，也是“自然之子”受于自然的直观写照。“立体”地分布在中华广阔大地不同高山大漠、草原河谷或滨海平原里的不同民族，衣服的质地、式样、图案、色彩等，差异很大，这正是对中国差异极大的地理、天象、物产等“自然规定”做能动适应的结果。人们观象制物，因地取材，创造了形式和风格都丰富得令人惊叹的服饰艺术。

合儒家礼法的深衣

在春秋战国之前，我国古人不论男尊女卑，他们的服饰都分为上下两截，穿在上身的叫“衣”，穿在下身的叫“裳”。衣裳分穿不仅麻烦，而且，由于那时的裤没有裤裆，只能套在两腿之上，而裳又是由前后两片布片形成，稍有不慎就有暴露下体之虞。因此，当上衣下裳连缀，又加缀衣襟蔽体的深衣在春秋战国时期出现的时候，就得到了社会各界人士的欢迎，并从此传袭了几千年。深衣虽是衣裳连缀的，但在制作的过程中却是衣裳分裁的，然后将裁剪好的衣裳再缝缀成一整体，在腰部的右侧用绳带系结，穿着的时候还要在腰部加系一条腰带。

人物御龙图　战国时期的深衣

最初的深衣都是曲裾的，其最大的特点是在裳的右侧增加了一块布，使其绕着腰身几圈，这样，就能够将下体遮盖得十分严密。深衣之名也来源于“被体深邃”（《礼记集解·深衣第三十九》）这一特点。从战国时期的壁画和出土衣物，我们可以得知，那时候的深衣，基本上是交领、右衽，衣袖和裳的下摆十分宽大，这种衣服既穿着方便，又便于活动，士大夫们在朝廷之外都爱将其作为便装穿着，而普通百姓则把它当做礼服来用。

到了汉代，由于深衣的结构和剪裁方法深合儒家的礼仪思想，因此受到统治阶级的重视，朝服也就采用深衣了。而为了显示儒家的礼仪制度，深衣的制作也有了确定的制度，对各个部位的剪裁都有了一定的尺度，要求“续衽，钩边。要缝半下。格之高下，可以运肘。袂之长短，反拙之及肘……袂圆以应规，曲夹如矩以应方，负绳及踝以应直……纯袂，缘，纯边，广各寸半。”（《礼记·深衣》）从此，深衣就成为汉族男女通用的礼服和便装一直延续了下来。

人物龙凤图
战国时期的深衣

在从汉代到民国这个漫长的时期中，深衣也经历了多次的变化。首先是在裤有了裤裆之后，不存在暴露下体的危险了，就出现了直裾深衣。直裾深衣就是在曲裾深衣的基础上，省去了裳的右侧增加的那块衣襟，衣裾在身侧或侧后方垂直而下，不必绕腰身几周，这样既节省布料，穿着起来又更加轻便。后来，在直裾深衣的基础上又发展出了一种直裾的短深衣——襜褕，这种短深衣只用作平时的便服。再后来，襜褕和原本用作内衣的袍被融合成一体，统称为“袍”。深衣发展成袍以后，变化就不大了，各朝的官吏都采用袍制，寻常百姓也可以穿袍，只是在材质和工艺上有所区别。

民国以后，衣裳连缀的深衣几乎从寻常百姓的生活中绝迹了。北京奥运会前夕，为了弘扬中国的传统文化，一些爱好国学的人士曾呼吁将传统的深衣作为礼服运用于奥运会之中，深衣一下子又回到了现代人的视线之中，一时间对于深衣（有的媒体称之为汉服）的讨论在网上热闹起来，而一些爱好传统文化的服装设计师也从中寻到灵感，设计出既时尚又具中国韵味的服装。

帔帛和云肩

观阅古代的画卷，我们发现，古代女子大多短衣长裙，一条长长的彩色绣花帛带绕肩臂而下，随风飘摇，显得既优雅又轻盈。这条长长的彩色绣花帛带就是备受古代女子青睐的帔帛。

根据宋人陈元靓的《事林广记后集》记载，帔帛起源于秦代。刘熙《释名·释衣服》："帔，披也，披之肩背不及下也。"因此，帔帛也称为披帛。因其"围巾护项，偏压垂之"（《旧唐书·舆服志》），六朝时又被称为"斜领"。唐朝是帔帛最为流行的时代，甚至女子帔帛成了皇家制度。五代马缟《中华古今注》载："女人帔帛，古无其制。（唐）开元中，诏令二十七世妇及宝林、御女、良人等，寻常宴参侍令披画帛，至今然已。"由于帔帛质地轻盈，常在上面施以彩绘和手绣的方法点缀上图案花纹，色彩鲜艳，精致柔美，披在女子肩上仿佛云霞一样，文人常常在诗文中称其为"霞帔"。帔帛开始流行于没有衣食之忧的贵妇和乐伎之间，后来由上而下普及到民间。

按乐图　古代披帔帛的乐伎

孟蜀宫妓图轴
（明·唐寅）

由于帔帛比较长，行动起来不太方便，于是就出现了比它稍短的帔子，用于外出时披戴。据宋代高承《事物纪原》载："唐制世庶女子在室搭帔帛，出后披帔子，以别出处之义，今仕族亦有用者。"由于帔子比帔帛短，容易滑落，因此佩戴时往往会在胸前系结以固定。

到了五代和宋辽金时期，帔帛发生了分化，出现了霞帔和直帔两种形式。据《事物纪原》载："今代帔有二等：霞帔，非恩施

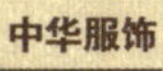

不得服，为妇人之命服；而直帔通用于民间也。”这里的霞帔已经不是唐代文人所指的含义，而成了一种礼仪服饰的专称，它是皇帝赐给命妇的礼服，是一种荣誉的象征。作为命妇礼服的霞帔，其样式与唐代的帔帛有了很大的区别，它已不是一条帛带，而是两条了，两条帛带在后身自然垂挂，在前身则连缀在一起，并挂以帔坠使其挺拔，这样的穿着就凸显出命妇的端庄了。作为礼服的霞帔，直到明清都没有太大的改变。民间的妇女虽然平时不能穿着，但也往往在婚嫁时借用霞帔作为新娘的礼服，这也就有了传统汉族婚礼中新娘戴凤冠披霞帔的习俗。

《乔元之三好图》局部（清 · 禹之鼎）

帔帛由于其装饰性大于实用性，逐渐从世俗生活中退出，以命妇礼服的变相形式存留了下来，而脱胎于古代披肩或帔子的云肩，则因其集美观和实用于一身而逐渐流行起来。

“云肩，制如四垂云，青缘，黄罗五色，嵌金为之。”（《元史 · 舆服志》）云肩是古代妇女用于遮蔽肩部的一种小型服饰，它以领口为中心，绕颈肩一周，垂悬于胸背。云肩以丝绸锦缎为主要材质，上面绣以精致的花鸟纹样，有的还在四周缀以金珠、钟铃或流苏。

据清华大学美术学院鲁闽、陈瑞雪的研究，云肩的雏形出现于唐代。唐代的舞姬肩上就披戴一种材质硬挺、两端上翘，边缘呈曲线，形似卷云的披肩。而到了五代时期，四角做成如意云形的云肩已经比较普及了。有关云肩的最早文字记载出自《大金集礼 · 舆服志》：“又禁私家用纯黄帐幕陈设……日月云肩，龙文黄服……”这说明金代贵妇佩戴云肩已经是平常之事。元代不仅妇女，男子也穿戴云肩。

到了明清时期，云肩发展到了它的最盛时期，上至皇室下至普通百姓，都喜欢披戴。贵妇的云肩往往制作异常精美，甚至穿织贵重的珠宝，而普通妇女则主要取云肩的实用价值，制作比较朴素。

李渔《闲情偶寄》云：“云肩以护衣领，不使沾油，制之最善也。”到了清末，云肩渐渐淡出了人们的日常生活，转而成了妇女婚嫁时的礼服。如今，我们一般只能在戏曲演员的行头中发现制作精美的云肩了。

独一无二的鱼皮衣

在黑龙江省肥沃的三江平原（松花江、黑龙江、乌苏里江）一带，生活着我国一个仅有4 000多人口的民族——赫哲族。三江沃野，山水纵横，这里有驰名中外的特产——鳇鱼、蛙鱼、三花五罗、貂皮、麝鼠……自古以来，就是富饶的天然渔场和逐猎之地。勤劳的赫哲人世世代代过着“夏捕鱼作粮，冬捕貂易货”的生活，他们不仅以鱼肉为食，还是我国唯一一个以鱼皮为衣的民族，因而历史上被称为“鱼皮鞑子”或“鱼皮部”。

鱼皮衣，赫哲语为“乌提库”，是赫哲族人以前的常服。过去的鱼皮衣主要用鲑鱼（大麻哈鱼）的皮制作，但是在鲑鱼逐渐稀少后，胖头鱼、大鲢鱼的皮也可以用来制作鱼皮衣。鱼皮衣的制作，分为熟皮、染色、剪裁、缝制、绣花等步骤，其中熟皮是最重要的环节。熟皮也就是将生鱼皮加工成柔软如布的制衣材料的过程。首先是要将鱼皮剥下晾干，最好是风干，晾得越干越好；然后，在晾干的鱼皮上撒上玉米面，放在特制的木质大铡刀下翻转压铡，将鱼皮上的油和鱼鳞完全去除，再经过反复捶打、搓揉，原来硬如木板的鱼皮就变得和棉布一样柔软。熟好的鱼皮再用各色野花染成彩色，鱼

赫哲族鱼皮衣和鱼皮靰鞡

赫哲族
鱼皮衣局部

皮衣的基本材料就准备好了。接下来，就是要将鱼皮衣料拼接成大块的衣料，再剪裁成衣片，用胖头鱼皮做成的鱼线缝缀起来，再缝上鱼骨扣子，鱼皮衣就基本成型了。心灵手巧的赫哲妇女还会在衣襟、袖口、摆边等处绣上图案，或者用皮条、彩色布料滚边。有的还用海贝壳或小琉璃球装饰衣服的下摆。这样制作出来的鱼皮衣，不仅美观大方，而且耐磨、抗湿、保暖，非常适合渔业民族的水上作业。

除了制作成套的衣裤，赫哲人平时还喜欢戴鱼皮帽，穿鱼皮套裤和鱼皮靰鞡。鱼皮套裤套在腿上，下水打鱼也不怕浸湿衣裤。鱼皮靰鞡不仅不怕湿水，走在冰上还不打滑，是赫哲人冬天必备的鞋具。

以前，赫哲女人几乎都会制作鱼皮衣，一到捕鱼季节，男人们都下河去了，女人们就操起工具，投入到紧张的鱼皮加工中。但是，随着三江平原的水源受到了污染，河里的鱼越来越少，赫哲人再也无法靠打鱼维持生计了，鱼皮衣也从他们的常服变成了保存在家里的古董，会制作鱼皮衣的人就越来越少了。如今，在紧靠中俄边境的小镇——街津口建立了赫哲民族村，在这个民族村里，鱼皮衣成为工艺展览品和演员的专用演出服。随着保护非物质文化遗产呼声越来越高，赫哲族传统的鱼皮衣也受到了海内外人士的青睐，成为人们收藏的宝贝，一些赫哲族青年也开始学习这门濒临灭绝的传统工艺。如今，在赫哲民族村，您不仅能看到制作精美的鱼皮衣，还能买到鱼皮钱包、鱼皮帽、鱼皮鞋等鱼皮制品。

关东靰鞡

“有大有小，农民之宝。脸多皱纹，耳朵不少。放下不动，穿上就跑。”这个谜语的谜底就是东北人过冬的宝贝——靰鞡。人参、貂皮、靰鞡草被誉为关东三宝。前两样东西就不用解释了，而靰鞡草则只有地地道道的关东人才能够明白它的

民国时期
满族皮靰鞡

宝贵之处。东北的冬季天寒地冻，但只要有了靰鞡鞋和靰鞡草，人们心里就有了底：“这个冬天好过啦！”

靰鞡又写作“乌拉”、“兀剌”，是满语对皮靴称谓的音译，指的是一种东北人冬天穿的“土皮鞋”。这种鞋用全皮制成，里面絮上东北特有的靰鞡草，穿在脚上暖烘烘的，走在雪地上还不打滑，是东北山区人民冬天外出劳作必备之物。据说“靰鞡”这一名称还是乾隆皇帝钦赐的。传说乾隆帝巡视来到关东，看到老百姓的脚上裹一块打褶的牛皮，皇帝好奇地问：“这是什么东西？”百姓回答说：“这是冬天穿的棉鞋。”鞋还没有名字，皇帝感到很有意思，便想了想，产鞋地在乌拉街一带，乌拉街名气很大，鞋又是皮革做的，便赐名为“靰鞡”。

制作靰鞡的原料以黄牛皮为多，也有用马皮或猪皮的，少数民族还有一些特殊的靰鞡原料，如赫哲族的鱼皮靰鞡、鄂温克族的狍皮靰鞡。靰鞡的制作工序十分繁杂，包括熟皮、熏色、压褶、缝缀等多道程序。其制法是把一块熟好的大皮子用谷草或红毛公草烟熏成杏黄色，再把边缘向内翻卷，鞋头部位压出二十几道“包子褶”，再把后跟处缝好，便成为连在一起的鞋头、鞋帮和鞋底了。然后，用一块小皮子接缝在鞋头上做“靰鞡脸儿”，或称“舌头”，盖在脚面部位，靰鞡的主体部分便做成了。由于工序太过复杂，只有少数技艺熟练的皮匠才会制作，所以靰鞡鞋是东北人唯一需要购买的鞋类，没有现钱也可以用农副产品交换。而卖靰鞡鞋的规矩也很特别。由于这种鞋穿时里面要絮草，与其他鞋相比又长又宽，只有大、中、小之分，没有具体尺码的“鞋号”，出售时按重量为单位计价，一般重为400克到500克。

买来的靰鞡鞋还只是一个半成品，想要穿着，还需要自己装上“皮耳子”、“提把儿”，配上靰鞡带和靰鞡靭。“皮耳子”就是穿带的皮环，用不到半寸宽的皮条做成，缝在鞋帮两侧，每只鞋缝两对、三对或者四对；“提把儿”就是鞋后帮接缝处的长三角形皮条，其作用是便于提鞋，又能在系带绑紧后避免走路松脱；靰鞡带，一般用筷子头粗细的麻绳或皮绳，长3米至4米，由于靰鞡鞋一般都比较大，所以穿上之后要用这样的带子将鞋子和脚绑结实；靰鞡靭用双层家织布或“白花旗布”缝制，有的还在上面缉绣花纹图案，它的作用是用来垫盖脚跟、脚面和脚腕。有了这几种“配件”，再絮上靰鞡草就可以穿了。靰鞡草，又名乌拉草，莎草科，属多年生草本植物。叶片细长柔软，丛生于水泡子边上。每年的农历七月，人们将其采回家中晒干，扎成捆，搁在仓房里，留待冬天使用。到了冬天穿靰鞡鞋的时候，先要用木槌锤打靰鞡草，使草变得柔软，不硌脚。垫鞋的时候也是有讲究的，一般就是三把草：一把塞在鞋尖，另两把续在两侧。

过去的东北人，到了冬天，穿上靰鞡打上绑腿，再高的山再深的雪也敢走。但是，由于靰鞡鞋穿着麻烦，又不太美观，现在的年轻人都不愿意穿着了，会做靰鞡鞋的人也越来越少，靰鞡逐渐成为了东北人对过去生活的回忆。

火草衣

生活在云南东川一带的彝族和鹤庆彝族支系白依人的青年，格外垂青当地特有的火草领褂。这种火草褂子是用野生勾苞大丁草属的叶子背面的白色绒状物纺织而成，古朴庄重，美丽大方，同时又因火草难求、制作工艺繁琐费时，因而显得弥足珍贵。东川一带的彝族小伙子以能穿上一件火草褂子走亲访友而感到自豪和光荣。

火草是生长在横断山脉山间的一种草本植物，每株小草有四至五片尖矛状的叶子，草叶仅长10厘米左右，叶子的背面有一层黄白色的细毛，可以撕下，形似棉纸，收下晒干后，用作火镰打火用的火绒，因此被称为火草。每年夏末秋初，当满山遍野都被火草覆盖的时候，彝族小伙们就背上背篓上山采集火草，然后由姑娘们把采集来的火草捻成细绒，和细麻线捻在一起，用土法织成火草布，再缝制成领褂。这种火草领褂厚实缜密，穿在身上保暖透气，经久耐磨，颜色黄白，在阳光下有耀眼的光泽，而且越洗越白，雨水淋不进去，是一种冬暖夏凉的纯绿色服饰。

但是“樱桃好吃树难栽”，要织成一件漂亮的火草领褂，需要花费巨大的心血。织火草褂子有七十二道工序，其复杂可见一斑。首先就说采集千万片火草叶，就需要跑遍九坡十八岭。由于火草较小，采集够做一件褂子的火草要付出艰辛的劳动，有的家庭需要几代人的共同劳作才能完成。更不用说将白色柔软的纤维毛剥下来，纺成线、织成布的工序，更是繁琐异常。一般从采集火草叶到制成火草褂子，需要几个月的时间。正因为火草衣的来之不易，所以姑娘们往往把自己制作的火草衣赠送给意中人，作为“定情衣”，而小伙子则以能穿上火草褂子而自豪。

火草衣男女皆穿，男子一般穿用四幅白色火草布缝制成的长襟衫，而妇女则喜欢将火草布染成彩色，缝制成长襟裙。

对于鹤庆县的彝族来说，火草衣还有着特殊的意义。传说火草是他们的祖先洒下的鲜血变化而成的，因此，穿火草衣就成为他们纪念祖先的一种方式。每年的农

历三月十五和立夏日的朝山节，人们都要穿上火草衣，登山歌舞，痛饮狂唱，以纪念自己的祖先，然后分头采集火草，纺线织布，将祖血所化的火草披于身上，以表示永不相忘。

艳丽奇异的惠安女装

黄灿灿的大斗笠，艳丽的花头巾，曲线毕露的蓝色紧窄短上衣，宽大的黑色长裤上配一条银光闪闪的腰带，这就是闽南一群特殊的女性——惠安女。惠安县位于台湾海峡西岸、福建省东南沿海突出部，介于泉州湾与湄州湾之间。这个地方自古地瘠民贫，男人多外出谋生，再加上当地习俗的原因，家乡的生产劳动都由女人来承担。因此，惠安女是一群极其能够吃苦耐劳的女人，她们日出而作，日落而息，在海水中打捞，在高山上搬运，在特殊的地理环境和长期的生活劳动中，逐渐形成了极具个性的服装样式。闽南一带的城里人用“封建头、民主肚、节约衫、浪费裤”来描述她们独特的服装。

“封建头”指的是她们头上那顶黄灿灿的大斗笠和那块色彩艳丽的方形花头巾。由于海边风沙大，光照也十分强烈，为了保护娇嫩的皮肤不被风沙和阳光伤害，爱美的惠安女总是戴上大大的斗笠，用一块约66厘米的正方形头巾把头部遮

崇武海滨的惠安女
图片联盟提供

得严严实实，只露出眼、鼻、口。如果风沙太大，方巾的结还可以扎在鼻子底下，只露出眼睛和鼻子。这种装扮冬天防风沙，夏日挡骄阳，人们很难看清她们的真面目，为她们增添了几许神秘色彩。

"民主肚、节约衫"指的是她们看上去短得出奇的上衣。这种上衣根据个人身材剪裁，紧紧裹住上身，连袖管都紧绑着手臂，而衣长却又连肚脐都不能盖住。远远看去，女性柔和的曲线尽收眼底。在偏远的海边山区存在着这种曲线毕露的服装，似乎是一种奇特的不能理解的现象，但如果了解了惠安女的劳动特点，也就不难理解了。生活在海边的惠安女常年在海边劳动，捞海菜、收渔网都是俯身在水面上进行，如果衣服过长、过松，容易被海水浸湿，妨碍劳作。因此，她们发明了这种紧贴身体的短上衣，便于水上的劳动。

"浪费裤"指的是惠安女那条裤管特别宽的黑长裤。其实宽阔的裤管也是为了劳作，即使被海水汗水浸湿，也不会裹住双腿不能行走，在海风的吹拂下又能迅速干燥。

然而，就是这种源于特殊劳作的服饰，却成就了惠安女独特的女性韵味。远远望去，姣好的身材引人遐想，走近细看，严封的面容神秘十足。而阳光的金黄，海水的蔚蓝，大山的沉黑，在她们的服饰中统一和谐，与周边的山水相映衬，又构成了一幅惟妙惟肖的山水画。

1988年，由于电影《寡妇村》的公映，惠安女逐渐得到了越来越多人士的关注，她们美丽绰约的风姿频频出现在世人的眼前。她们独具特色的服装也于2006年5月20日，经国务院批准列入了第一批国家级非物质文化遗产名录。如今的惠安女装，又融进了现代设计理念，在保持原有款式的基础上，增加了许多流行元素，变得更加斑斓多彩。

狩猎民族的兽皮服饰

我国一些少数民族，长期以狩猎为生，英勇的小伙子们打到了大的野兽，不仅为族人解决了一时的食物之需，而且弄来了添置衣物的上好材料。一件件兽皮长袍，一顶顶兽皮帽子，向人们展示着男人们的勇敢和力量，女人们的精巧和细致。

居住在今内蒙古呼伦贝尔盟扎兰屯地区的达斡尔族人，是英勇的契丹人的后裔，他们长期以来都以狩猎为生，身上的穿着也以野兽皮制品为主。达斡尔族对野生动物的皮毛处理上也有自己的一套独特熟制工艺，主要方法是先用发酵的燕麦面、酸奶或者马粪让野兽皮发酵，然后用锯齿形钝尖刀在皮面上刮鞣，去掉皮面上黏膜等杂物，使其在刮鞣过程中发热，蒸发皮中的水分，经过多次反复操作，皮质就会变得松软干燥。如果皮子上有些部位没有处理好，还比较硬，他们就在上面喷上白酒，然后用双手揉搓。这样处理后的皮子干燥柔软，色泽良好；可以制衣、帽、手套、裤等。达斡尔族最有特色的兽皮衣就是狍皮衣和袍子头皮帽。冬季穿的皮衣多取入秋后(野生动物绒毛长出后)或初冬的狍皮制作。春夏穿的衣服，则用春季(野生动物脱毛后，刚刚长出新短毛)的狍皮制作。狍子头皮帽是他们的狩猎帽，这种帽子过去多用狍子头皮连角整个剥下来熟制后制作，帽顶上有双耳双犄，狍子头皮额下的双眼合缝成一条线，有的则用白布和黑布缝出白眼球黑眼仁。狍子颈后的皮毛留下来，形成帽后的垂披到肩，有的垂下至后背。戴在头上，仿佛一个活生生的狍子头。后来这种狍子头皮帽装饰上有了改进，制作时将狍子头皮只留到双耳以下的部分，另做前额和短帽耳饰。脑后原来的长披没有了。戴这种帽子，其实是为了伪装成野兽便于接近猎物，后来，生活方式改变后，这种帽子失去了它的实用功能，逐渐演变成了儿童的饰物，寄予着长辈对孩子健康成长的希望。

鄂伦春族
狍头皮帽

长期居生活在大小兴安岭崇山密林中的鄂伦春人，自古就以游猎为生，直到新中国成立前，狩猎仍然是他们的主业。富饶的兴安岭野生动物众多，为鄂伦春人提供了丰富的衣食之源，他们的服饰也就带上了浓浓的狩猎文化色彩。鄂伦春人的服饰以狍皮为主要材料，和达斡尔人一样，他们也有一套成熟实用的熟皮工艺。他们也是先让晾干的兽皮发酵，然后用工具将皮里的肉筋、杂毛刮净，然后再揉搓至软，但他们让兽皮发酵的却是捣成糊状的兽肝或者拌水的朽木渣，鞣软后的兽皮还要经过浓烟

民国时期哈萨克族绣花贴边鹿皮裤

熏熟。他们缝衣服的线也来自野兽，主要是用狍子、鹿或猂的筋搓捻成的，十分结实耐用。鄂伦春族的服装以袍式为主，主要有皮袍、皮袄、皮裤、皮套裤、皮靴、皮袜、皮手套、皮坎肩、狍头皮帽等，最具特色的是狍头皮帽，而这种皮帽和达斡尔族的如出一辙，最初都是用来引诱野兽的。

北方高山上有狩猎民族，南方密林里也有以打猎为生的人。在西藏东南边陲的珞渝地区，生活着一个只有2 000多人的民族——珞巴族。他们大部分居住在雅鲁藏布江大拐弯处以西的高山峡谷地带，山高林密，人烟稀少，交通十分不便。直到20世纪中期，珞巴族社会仍处于原始社会末期阶段，刀耕火种兼营狩猎，大型猎物平均分配的古老习俗，至今还在沿袭。由于地理环境和受外来文化影响程度的不同，各地珞巴族的服装材料也有所不同。其中，珞渝北部的珞巴族，因海拔较高，冬季寒冷，男人们喜欢穿用兽皮制成的衣物，其中，熊皮圆盔帽是他们最典型的头饰。这种帽子和达斡尔族、鄂伦春族的狍子头皮帽有异曲同工之妙，是用生熊皮压制而成，类似有檐的钢盔，帽檐上方套一个7厘米左右的熊皮圈，毛向外伸张，帽尾码一块约25厘米见方的熊皮，上有眼窝可通风。这种帽子的功能和珞巴族的生活环境及狩猎活动有关，具有明显的实用价值。帽子除了御寒，主要是保护头部。行猎时，戴上这种帽子在丛林中穿行奔跑不会被刮伤，而且保护长发不被树枝缠绕，也可防其他虫类叮咬，更易接近猎物进行射杀，起到迷惑野兽的作用。

古老的树皮衣

我国先民很早就学会了纺织工艺，他们从植物中提炼出纤维，用纺织工具纺成布料，然后制作衣服和其他日用品。其实，在纺织技术发明之前，还存在过一种用天然树皮直接加工成衣物的工艺，那就是树皮衣。我国许多少数民族都有穿树皮衣的历史。我国古籍如宋·乐史撰《太平寰宇记》卷169条《儋州》、《琼州》、《万安州》，元·马端临撰《文献通考》卷331《黎峒》，清·张长庆撰《黎歧纪闻》等典籍中，均有海南黎族“绩木皮为布”的记载。直到如今，在海南一些偏僻的黎村和云南西双版纳的哈尼村落中，仍然保留着这种树皮衣的加工技术。

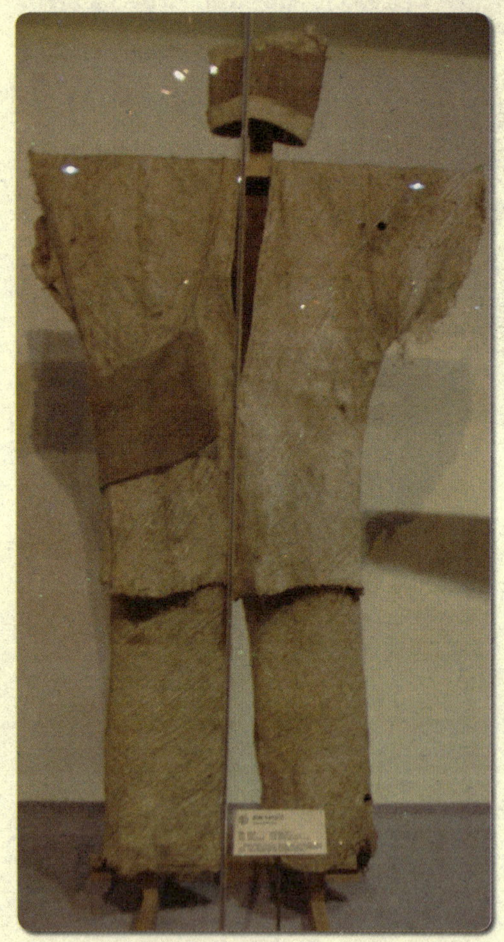

民国时期哈尼族箭毒木树皮衣

树皮衣有两种制作方法：一种是纯粹的树皮衣，即：将制作树皮衣的树皮从树上剥下来，经过敲打、浸泡、晒干等工序，缝成一块可以遮羞的树皮布；另一种是将树皮最外面的表皮去掉，取里层的树皮，经过一整套制作树皮布的工序后，然后巧妙地取其纤维，纺成线，织成衣服或被子。新中国成立前，海南黎区的黎族人和西双版纳的哈尼人，大多会后一种制作树皮衣或被子的制作技术。

制作树皮布的工具主要有砍刀、石槌、木槌、石楔等，制作树皮衣，第一步就是剥树皮，

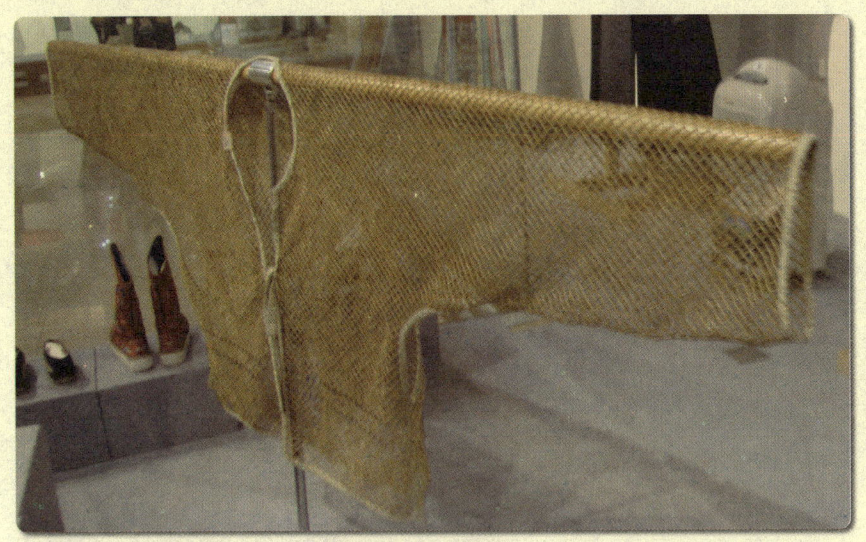

清代汉族
竹节编汗衫

先在树干上上下横切一圈，然后从上线向底线再划一直线，用钩刀剥下树皮。第二步是拍打的工序，用木棒或石槌敲打树皮，使表皮破裂，起毛，撕去表皮，先横拍打，再竖着拍打，直到出现柔软的树皮纤维。第三步是浸泡，把经过拍打露出纤维的树皮放在水里浸泡半小时至一个小时，然后取出用脚踩，洗掉树胶，留下纤维，再沉入水中浸泡，直到其他杂质完全去除。第四步就是把去除了杂质的纤维晾干，晾干后的纤维就是一块完整的树皮布，可以制成衣服和被子了。如果有些纤维裂开，就可以用青竹篾削成竹针，穿上野麻或芭蕉的纤维缝合。

如今的海南黎族，主要采用蓖麻的纤维做成树皮布。做法是，把蓖麻采回来，经过拍打，把整张皮剥下来，然后去除最外层的皮，用最里面的有大量纤维的那层皮制成树皮被。他们一般在农闲时或干活回家后，有一点闲余时间就做树皮被，断断续续地做，制成一床树皮被需要两三个月的时间。而哈尼人则主要采用箭毒木的树皮来制作树皮衣。

由于树皮布容易腐烂，黎族人民还发明了一种特殊的保养树皮衣物的方法。他们有一种专门用来存放树皮衣物的箱子，这种箱子外面用红藤或白藤编织，分量很轻，箱子里铺上一层干的葵叶，再

清末台湾泰雅族贝衣

用竹篾编一层，铺上葵叶，然后在箱子里放上从山上采摘的一种可以驱虫的香料植物，这样树皮衣物就可以长久保存了。

随着经济的发展，树皮布渐渐远离人们的生活，只能在偏远的村落偶尔见到了。但是，在学者和媒体的努力下，树皮布逐渐得到越来越多人的关注。哈尼族已经出现了张树皮这样的制作树皮衣的民间艺术家。也许在一浪高过一浪的保护文化遗产的呼声中，这一濒临灭绝的民间工艺能够重放光彩。

除了树皮衣，在我国古代，还出现过很多用纯粹的自然材料制作的衣物，如土家族、傣族祭祀时出现的稻草衣，在中央民族大学博物馆和北京服装学院的民族服饰博物馆里，还分别展出着一件奇特的竹节编制的汗衫。那是清代汉族的衣物，用细细的竹子编成，有着很大的孔隙，看起来很像现代的透视装。而生活在海边的一些民族，则会用海边美丽的贝壳编织成衣物穿在身上。

哈尼箭毒木树皮衣局部

越来越有韵味的旗袍

在当今社会，旗袍几乎被提升为了我们的国服，它的端庄典雅，它的细致妖娆，充分体现了东方女性特有的神韵。旗袍能走到今天，已经经历了漫长的数百年，它的款式也与最初的样子大相径庭。

旗袍原本是满族男女皆穿的长袍，满语称“介衣”，其样式为圆领、大襟、束腰、窄袖，有扣襻，下摆四面开衩。据说后来越来越俏丽的旗袍源于一个清朝皇妃。传说清朝入关后，有一个叫黑妞的满族渔女，皮肤虽黑但很有光泽，人长得很俊俏，身材又好，被誉为“黑里俏”。她为了方便打鱼，就把原本粗大的旗袍剪裁成窄小的便装。后来，这个黑妞被选入皇宫，被称为“黑娘娘”。经她改造后的旗袍因更贴身，更能体现女性的美，就由此流传开了。清代的旗袍非常讲究工艺，喜

欢在衣襟、领口和衣袖处镶嵌花条或彩牙，而且以多为美。到了清代盛世，还流行过“十八镶”，就是要在旗袍上镶上十八道花边，真是花团锦簇，富贵异常。

辛亥革命推翻了清王朝，然而满族的旗袍却越加盛行。但是，这时的旗袍一扫清朝矫饰之风，趋向于简洁，色调力求淡雅，注重体现女性的自然之美。20世纪20年代末，宋庆龄穿着碎花型的棉袍出现在阅兵观礼台上，而上海广告画上的女子，也展示了连身旗袍的曼妙风姿。在宋庆龄和宋美龄的影响下，上海的名媛官太太纷纷开始穿着旗袍出入社交场合。旗袍也从此成为城市女性日常的装束。30年代，在西式服装的影响下，旗袍的剪裁开始从宽松向贴身发展，开始细沿主人的身材，显示女性的曲线美。旗袍下摆的开衩越来越高，袍长越来越短，尽显女性风韵。而现代旗袍的基本样式也就在这一时期定型了，以后的旗袍，主要就是在面料、花纹、长短及其他装饰上略作变化了。

到了20世纪50年代后期，旗袍也曾经灿烂一时。但这时的旗袍不妖、不媚、不纤巧、不病态，呈现出健康自然的气质，符合当时“美观大方”的标准，而且更为实用。

“文化大革命”时期，作为小资情调的代表，旗袍被毫不犹豫地打入了冷宫。直到改革的春风吹醒神州大地，旗袍的春天也逐渐来临，但是，那种一领天下的局面却难以重现，它主要作为一种礼仪服装，出现在各种会议和宾馆里。

清代满族旗袍（十八镶）

2000年，香港著名导演王家卫的电影《花样年华》公映，片中著名演员张曼玉二十几身旗袍把女主人公优雅古典的气质烘托得淋漓尽致，一时间，旗袍又成为了时尚圈的焦点，重新回到了女人们的日常生活中。一到夏季，常能见到女性身着旗袍的曼妙身姿，或清新典雅，或艳丽妖娆。许多影星也在重要场合选择精美的旗袍作为礼服。

经历了风雨的洗礼，作为中国服饰的经典之作，旗袍已经深深地扎进了中国人的心里，成为不可或缺的中国元素。如今，旗袍已经发展成了一种服装产业，全国有众多企业专门生产旗袍，多变的旗袍也成就了许多现代服装设计师。我们庆幸，旗袍没有像其他传统服饰一样成为博物馆里的展览品，而是深深地扎根在了现代人的生活里。

旗袍

贰 传递爱情的信物

怎样才能让心上人时时刻刻记挂着自己？

怎样才能让意中人真真切切了解自己的心意？

送一件她天天使用的物品，让她时时思恋自己；

送一样自己贴身携带的佩件，让他知道我愿以身相许。

于是，发钗、荷包、绣花鞋、肚兜……这些随身穿戴的服饰，就成了年轻人传递爱情的信物。

无论是汉族还是少数民族，刺绣都是女人的传统技艺。旧时从十多岁开始，针线就成了女人们最贴心的朋友，不能对他人述说的心事，都可以向针线倾诉，而女人们绵绵的情意，也就深深地藏在了这小小的针线之中。

在春秋闲暇的时节里，冬日暖暖的阳光下，长夜温馨的灯光中，女人们总会聚在一起，一边闲聊嬉戏，一边穿针引线，编织各自的生活。母亲们把“五毒”绣在孩子们的小衣服小鞋上，企盼孩子健康成长。小女孩儿学着妈妈的模样，先描再绣，憧憬着自己的未来。年轻的姑娘们，则用彩色的丝线，悄悄倾吐着她们的心声：“情郎哥哥啊，鲜花是妹蝶是哥，愿蝶绕花不停歇！”荷包、罗帕、绣花鞋……件件色彩鲜艳、做工精美的绣品，饱含着姑娘们炽热的爱与恋。

荷包

初一到十五，十五的月儿高，那春风摆动杨呀么杨柳梢。

三月里桃花开，情人捎书来，捎书书带信信，他要一个荷包袋。

一绣一只船，船上张着帆，里面的意思，情郎么你去猜。

二绣鸳鸯鸟，栖息在河边，你依依我靠靠，永远么不分开。

郎是年轻汉，妹如花初开，收到这荷包袋，郎你要早回来。

这是传唱广泛的一首山西民歌《绣荷包》，描述了一位年轻的姑娘一边给远方的情郎绣荷包，一边思恋情人，企盼情人早日归来相会的情景。除了山西，还有山东、黑龙江、云南、江苏……几乎全国各地都有名为“绣荷包”的民歌，歌词内容也大同小异。以此看来，把自己亲手绣的荷包送给意中人，几乎是全国各地、各民族年轻姑娘表达爱情的一种方式。

其实，荷包的前身叫“荷囊”，最初是古人随身携带，用来盛放零星细物的小袋。由于古人的衣服没有口袋，一些必须随身携带的物品（如烟叶、印章及钱币等），就只能用这种小袋贮藏。最早的荷囊，在使用时既可手提，又可肩背，所以也称“持囊”或称“挈囊”。以后渐渐觉得手提肩背有所不便，就将它挂在腰际，并形成一种习俗，俗谓“旁囊”。我国现存最早的荷囊实物，是春秋战国时期的。那时的荷囊都用皮革制作。到了南北朝的时候，佩戴荷囊就成为一种正式的制度，什么样的人佩戴什么样的荷囊都有了明文规定：（北朝）囊，二品以上金缕，三品

蒙古族烟荷包

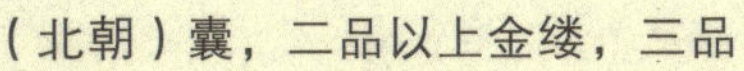

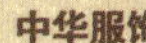

汉族葫芦形荷包

金银缕，四品银缕，五品、六品彩缕，七品、八品、九品彩缕，兽爪。官无印绶者，并不合佩囊及爪。（《隋书·礼仪志六》）所谓“兽爪”，是指织有兽爪纹样的小型佩囊，北朝官吏常佩于腰际以盛印绶。这一时期，开始出现用丝织物制作的荷囊。“荷包”这一名称的出现则是在宋代以后。元无名氏《摩利支飞刀对箭》第二折里出现了“荷包”这一称谓：“两个不曾交过马，把我左肩厢砍了一大片，着我慌忙下的马，荷包里取出针和线。我使双线缝个住，上得马去又征战。”为什么要叫“荷包”，清代汪汲的解释比较有说服力：“晋《舆服志》：文武皆有囊缀绶，八座尚书则荷紫，乃负荷之荷，非荷渠也。今谓囊曰荷包本此。”（《事物原会》）荷包成为珍贵的装饰物始于唐朝。唐封演《封氏闻见记·降诞》：“玄宗开元十七年，丞相张说遂奏以八月五日降诞日为千秋节，百寮有献承露囊者。”“百官献囊名曰‘承露囊’，隐喻为沐浴皇恩。民间仿制为节日礼品相馈赠，用作佩饰，男女常佩于腰间以盛杂物。”

根据实际的用途，荷包的形状和大小有所不同。圆形的装小镜子，长方形的装折扇，方形的是钱袋，葫芦形的装烟叶，更有桃形、如意形、石榴形等形状，是姑娘们送给情郎的首选。姑娘们绣上的花纹大多为“蝶恋花”、“鱼戏莲”、“凤穿牡丹”、“喜鹊登梅”等，这些图案非常含蓄地传达了她们内心深处的情思。

在荷包中，香包占有最为重要的地位。香包大都外形小巧，里面装有香草之类的药品，可以防止毒虫侵害人体，也可以使身体散发出沁人心脾的香味，相当于现代香水的作用，因此年轻女孩也都喜欢佩戴。姑娘们也大都选择香包作为定情信物，而把自己贴身佩戴的香包赠送给意中人，则更能表达以身相许的情意。

虽然多数民族都有送荷包的习俗，但送荷包的方式却各具特色。汉族女子往往是在没有其他人的情况下，悄悄将荷包塞进情郎手中，还要嘱咐一句：“千万别让

人知道！”而蒙古族的姑娘则要当着众人赠送两次荷包：一次是在定亲的酒席上，由姑娘的嫂子或姐姐把姑娘亲手绣制的烟荷包送给小伙子；另一次则是在婚礼上，由新娘亲自把自己亲手绣制的荷包交给新郎，而新郎家则要请一位能言善讲的人在新房门口举着新娘做的荷包，对其赞赏一番。而云南德宏景颇族的姑娘们，则把她们精心绣制的荷包作为箭靶，在新年之际挂在树枝上，请小伙子们展示他们的技艺，谁先把荷包射下来，谁就会得到姑娘们的青睐和礼物。送荷包也不只是姑娘们的专利，有的民族，小伙子也给心仪的姑娘送荷包。生活在我国新疆西北边陲的塔吉克族，至今仍保留着男女青年互送荷包传递爱慕之情的习俗。他们往往还在荷包里面放上石子、火柴、杏仁、盐等物品，每一样物品都有固定的含义：火柴表示对你的爱情像火焰那样热烈；石子表示对你的爱情坚定不移；杏仁表示忠心或掏出心让你看；盐表示你像盐一样重要，天天离不开你。

另外，贵州苗族成年的岜沙男人，人人腰间都会系一个刺绣精美的腰子形布包。这种腰包黑地白花，绣有龙纹或旋涡纹，往往都是恋人送的信物。岜沙男人用它来装烟丝或上山狩猎的防身药物，类似于其他民族的荷包。

随着时代的发展，荷包的功能也发生了变化。由于现代服装增加了口袋以及提包的出现，人们已经很少用荷包携带随身物品了，然而荷包却受到了部分现代女士的青睐，她们挑选做工精美的荷包，用来装载化妆品或其他私人物品放在提包里，既卫生又方便。一些商家也用荷包作为商品的包装或赠品，以吸引顾客。饰品店里也出现了一种挂在手机上的袖珍荷包，小巧玲珑，十分有趣。而更多的情况下，荷

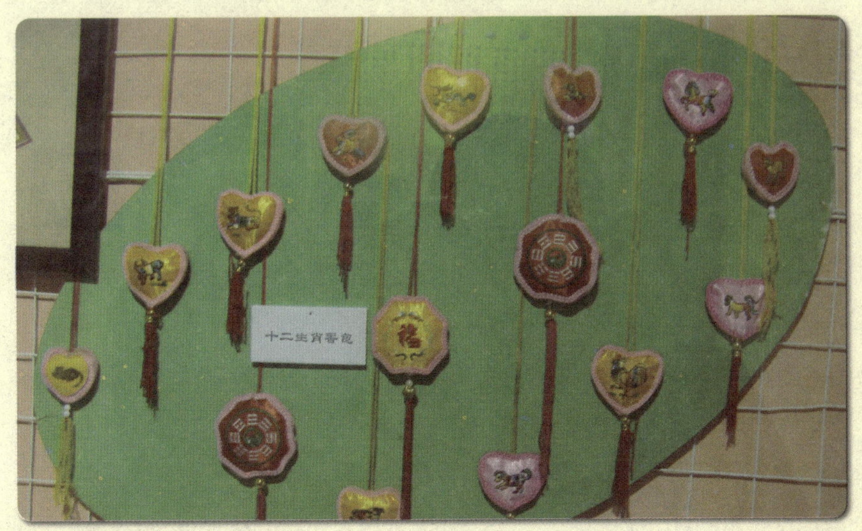

土族
十二生肖香包

包是作为具有地方特色的手工艺品出现在旅游商品的柜台里。但由于是批量生产，多数是由工厂统一设计统一制造的，美则美矣，却失去了那种情意绵绵的意境，使人感到怅然若失。然而，如果我们深入乡村和少数民族地区，仍然能够见到男人们佩戴的由自己女人绣织的荷包，尽管朴素，却尽显了那种传统的古典与浪漫。现在，又有一些有眼光的商家，为迎合青年人寻求浪漫情怀的心理，特意邀请民间刺绣高手制作精美的传统定情荷包，以作为青年人赠送给心上人的礼品，让现代人也多少能感受到那种含蓄之美。

手帕

有女子，手执罗帕，巧笑嫣然。

手帕俗称“手绢”、“手巾”，是一种小巧的方形细薄织物，自古就是女子不可离身的物品。茶余饭后，用香帕轻沾唇角，拭去剩余残渍；运动之后，用香帕擦拭额头、两颊和鼻尖，去除不洁的汗珠；伤心的时候，用香帕轻拭眼角，擦去咸苦的泪水；高兴的时候，用香帕微掩双唇，免去露齿的尴尬。行走的时候，方帕随手摆动，伊人的身姿轻盈婀娜；伫立的时候，方帕斜插衣襟，成为伊人胸前跳动的花朵。小小手帕，轻盈、方便，既能免除诸多的尴尬，保持颜面的洁净，又能在举手投足之间，尽显女儿风情。这一方手帕，不知拨动了多少男子的心弦，让他们日夜思忖：“何日才能触及那如梦的方巾？”会心的女子莞尔一笑，将手中的方帕打成结，轻轻掷向心仪的男子，扭头藏进花丛，只留下银铃般的笑声和手捧方帕痴痴发呆的男子，一段千古佳话就此上演。

手帕的前身是“巾”，在我国先秦时代就已经出现了。而手帕则是在汉朝出现的，1959年考古人员在新疆发掘的东汉古墓中发现了平纹蓝白印花手帕的残片，这

现代印花手帕

是我国现存最早的手帕遗物。“手帕”这一名称的文献记载最早出现在唐朝，唐初著名的宫廷词人王建在《宫词》中就有“缏得红罗手帕子，中心细画一双蝉”的诗句。由于手帕聚实用、装饰、轻便为一体，它一出现就成为人们日常生活中不可缺少的物品，而这种不可或缺性也让它自然成为青年男女传递情意的使者。

古代用来传情的手帕，多是丝织的，又称“罗帕”。明代冯梦龙编的《山歌》里记载的民歌《素帕》：“不写情词不写诗，一方素帕寄心知。心知接了颠倒看，横也丝来竖也丝。这般心事有谁知？”咏的就是罗帕。由于丝绸价格昂贵，普通民间女子平时是用不起的，她们只把罗帕作为传情之物，这就更显出了感情的珍贵。

素帕虽能传情，但若绣上有一定寓意的花纹，不就免去了情郎猜测的苦恼了吗？因此，女子们便往往用彩色丝线，绣出她们的心意，用图案与心上人对话。除了通用的“蝶恋花”、“鱼戏莲”、“鸳鸯戏水”等纹样外，姑娘们往往还根据自己和心上人的姓名或有特殊纪念意义的事物来创造纹样，描绣出一种只有两个人能读懂的语言，更显两人之间的亲密关系。金庸的小说里就经常出现锦帕。他用绣有鸳鸯戏水图的锦帕，作为周伯通与瑛姑的定情信物。而李莫愁的锦帕更是让人记忆深刻。李莫愁是金庸小说里的“第一怨妇”，因为心上人的移情别恋，莫愁变成了一个杀人不眨眼的魔头，人们听到她的名字就会不寒而栗。但是，当她看到小姑娘脖子上系着的锦帕时，她收回了掌力，往日的柔情蜜意又在心中闪现。正是这一张锦帕，保住了两个小姑娘的性命，可见这张锦帕在她心中的分量。而这方锦帕正是她根据情郎陆展元的姓氏精心设计并赠送给他的：锦帕四角绣的红色曼陀罗花比喻她自己，每朵花旁边都衬一张翠绿色的叶子，用“绿”“陆”音同，比喻她心爱的陆郎，取义于“红花绿叶，相偎相倚”。只可惜落花有意，流水无情，这一张精美的锦帕没能成就一段美丽的情缘，却造就出了一个冷酷的杀手，不能不让人为之叹息！

现代高级礼品手帕

更有才女，觉得花纹不能尽吐情思，便在帕上写上诗文，寄给远方的情人，以慰相思之苦。据说李清照就曾将我们熟知的《一剪梅》写在锦帕上寄给远方的丈夫。

手帕在我国流行了几千年，直到20世纪90年代，由于各种纸巾的出现，才渐渐从人们的生活中淡出。

进入21世纪，突然发现，手帕不知什么时候就从现代人的生活中消失了，只是偶尔在孩子们的衣袖上还能看到用别针别着的手帕，那是专供小儿擦口鼻的。如今的手帕，早已褪去了生活的素朴，成为了商场里包装精美的礼品，仅供人们观赏收藏，那种纤纤玉指挥动罗帕风中摇曳的风景已经成为城市人的回忆。

然而，在一些少数民族地区，手帕仍然活跃在人们的生活中，承担着传情达意的任务。生活在我国新疆西北边陲的塔吉克族，是一个游牧民族，每逢节日或婚礼，都会举行盛大的叼羊活动，而这也是小伙子向姑娘求爱的好时机。叼羊比赛时，几十名骑手分成两队，几十只手同时伸向同一只山羊，双方你争我夺，哪一位骑手持羊飞驰远去，使其他骑手无力追上，他就夺得了胜利。而胜利的骑手，往往会在得胜的第一时间，把叼到的羊迅速摔到心仪的姑娘面前，在众目睽睽之下向姑娘求爱。如果姑娘也对小伙子有意，就会立即委托身边年长的妇女，将一块绣花手帕系在小伙子坐骑的头上，表示接受了小伙子的情意。一份美丽的爱情就此结缘。

令人欣慰的是，近几年，由于环保意识的增强，网上出现了恢复使用手帕的呼声，也许在不久的将来，罗帕风情就会回归我们的视线。

中国结

心心复心心，结爱务在深。

一度欲别离，千回结衣襟。

结妾独守志，结君早归意。

始知结衣裳，不知结心肠。

坐结亦行结，结尽百年月。（孟郊《结爱》）

结绳技艺源自原始人捆扎猎物和果实的实际需要，为防衣裳的散乱，中国古人也用绳带或丝带捆扎衣服用以束缚。从此，中国结就和中国服装结下了不解之缘。

原始人把绳盘曲成朴素的“S”形系于腰间，来束紧衣服以保暖。到了商周时期，以绳结束衣已经形成了服装的固定模式，甚至人们身上还配上了专门解结的工具——“觿”，这是一种用骨头做成的锥形工具。直到这个时候，结都还属于实用的范畴。然而任何一种实用事物，在它出现以后，都会在人类审美意识的影响下，逐渐向表现美的装饰意义发展，中国结就是一个典型的例子。

结在中国服装中主要是作为佩件来使用的。最早出现也最普遍的就是古代仕女腰间用丝绦结扎的蝴蝶结，这种集实用和美观于一体的蝴蝶结，后来逐渐发展成为一种固定的装饰结形，常常串成一串作为女子最普遍的腰饰。古代“君子必佩玉”的习俗也使结成为了古代男人身上不可或缺的装饰物，因为玉需要用绳带串系起来挂在身上。根据玉的形状和大小，古代人们发明了多种不同的固定、系扎玉的方式，这时候的绳结不仅

莲塘纳凉图轴（清·金廷标）

旗袍上的漂亮盘扣 图片联盟提供

仅是捆扎玉的工具了，还具有衬托和装饰玉的功能。

到了隋唐时期，中国结得到了前所未有的发展，成为上至宫廷下至民间普遍喜爱的一种工艺品，而一些现在仍在使用的中国结形式也已经定型，如万字结、十字结、团锦结等。宋以后由多个单结串联而成的装饰结逐渐增多，这使得中国结从重实用功能逐渐向重装饰功能倾斜。明、清时期是中国结的盛世，这一时期不仅出现了大量造型复杂、花色繁多的中国结，而且结饰的应用也从服装的配饰扩大到了日常生活的各个领域，轿子、扇坠、箫笛、窗帘、烟袋等，无处不见各种形式花色的中国结，而编络子（中国结在那时又被称为“结绳、绦子、络子”等）也成了当时女子不可或缺的闺中技艺。这一时期，说到服装上的结饰，最具特色的应该是中国的古典盘扣了，这种盘扣用丝线或棉绳盘曲成各种花形，用一颗绳结而成的扣子穿进盘花上的留口，用以固定服装。这种精致美观的盘扣往往装饰在衣服的领口和胸襟处，使得服装既华美又典雅。

现代装饰性中国结　图片联盟提供

中国结的空前流行，不仅仅因为其外观的美丽，更源于它所蕴涵的各种各样吉祥的寓意。蝴蝶结寓意“福在眼前、福

运迭至”；如意结寓意“万事称心、事事如意”；百结寓意“百事吉祥、万事如意”……更有盘长结和同心结，是恋人们表情达意的首选，盘长结由一根绳子盘结而成，寓意“相随相依、永无终止”，而同心结则由两个单结组合在一起，寓意“恩爱情深、永结同心”。历代青年男女都喜欢用盘结来装饰礼物赠送给心爱之人，而历代文人也喜爱用结来描绘男女之情，如南北朝时期诗人庾信就有“交丝结龙凤，镂彩织云霞。一寸同心缕，千年长命花”（《题结线袋子诗》）的诗句，宋代诗人林逋也有词句“君泪盈、妾泪盈，罗带同心结未成，江头潮已平”（《长相思》）。

民国之后，由于现代服装的冲击，中国结逐渐淡出了人们的日常服饰，只在偏远乡村一些简易的盘扣中还能依稀见其踪迹。近些年，在追寻中国传统文化的潮流中，沉寂了多年的中国结突然之间又开始红遍大江南北，特别是红红中国结的吉庆色彩，使其在节庆日中受到了特别的青睐，市场上出现了大量的大型中国结工艺品，专供人们装饰房间之用，而小型的中国结则广泛用于箱包、车挂、手机等物品的装饰，同时起到祈福的功用。还有一些学者和设计师则开始研究中国结在现代服装中的运用，并将之付诸行动，设计出了独具中国风味的中国结风格的服装和饰品。我们相信重回世俗生活的中国结将会越走越远。

“千层底儿”和绣花鞋垫

郎到高山去砍柴，妹在后面跟上来，
不是赶来借郎斧，看郎脚印好做鞋。

长期自给自足的经济生活，造就了心灵手巧的中国妇女，一家大小的吃穿用，都要出自她们那双略显粗糙却又灵活的双手。刺绣是她们最引以为傲的技艺，而最能显示她们手艺的作品，则是俗称为“千层底儿”的纳底布鞋。

纳底布鞋最早出现在周代，我国现已出土最早有关纳底布鞋的文物是侯马出土的西周武士跪像，其鞋底上刻有明显而规则的纳底线纹。据有关人士根据秦汉出土的文物分析，纳底布鞋首先是军队统一采用的，后由于这种鞋穿着舒适又耐磨，逐

渐在民间普及，到了清代，就发展成了驰名中外的“千层底儿”。

所谓“千层底儿”，说的是这种布鞋鞋底的厚实。因此，鞋底的制作就非常关键。首先，要用纸按脚的大小剪出鞋样；接着，用平整的棉布一层层叠加起来，少则十几层，多则几十层，布层之间不得有褶皱；然后，就是最显功力的环节——纳鞋底，即用针线按一定的线路将鞋底的布层扎结成厚厚的一片整体，要求线迹排列整齐，没有扭曲，横竖间隔均匀，鞋底表面平整，不能出现凹凸不平的现象；接下来用锤敲打，使鞋底变软，然后用工具将鞋底多余的边切除；最后还要在鞋底上面均匀铺上棉花，再缝上衬里布。这样，一双鞋底就做好了。仅鞋底的制作就这么繁杂，再加上鞋帮的制作（有时候鞋帮上还要绣上精美的花纹）和鞋底鞋帮的缝合步骤，可见，做一双鞋，需要耗费一个女人很多的时间和精力。而布鞋的质量，则成为人们评价一个女人是否灵巧的标准。人们拿起布鞋，在手上敲几下，若听到“嗙嗙”的声音，则说明鞋底鞋帮厚实，鞋的质量好，而做鞋的女人则会受到人们的赞扬。

侗族绣花鞋

制作布鞋是如此费时费力的事情，如果一个女人肯为一个非亲非故的男人精心做一双鞋，则其心意不言即明。因此，布鞋自然就成了年轻男女定情的信物。汉族普遍都有赠鞋的习俗，甚至有的地方还形成了固定的仪式，如渭北一带的回答鞋。渭北一带举行订婚仪式时，女方在收了男方的聘礼后，如果同意结亲，就主动送给男方回答鞋，即一双做工精细的男式布鞋和一双女式绣花鞋，如果姑娘不中意男方，就不送鞋。在陕北也有类似的稳根鞋。据统计，除汉族以外，我国还有二十多个少数民族都有送鞋定情的习俗。

广西的仫佬族民间有“八月中秋哥送饼，九月重阳妹送鞋”的风俗。每年的八月十五日，是仫佬族男女青年到野外山林走坡的节日，所以又称为“后生节”。在节日里，初次相逢的青年男女在路旁、山坡唱山歌，如果双方有意，便可约定下次

走坡的时间。如果彼此愿意结为伴侣，小伙子就送给姑娘同年饼，姑娘送给小伙子手帕或布鞋作为定情信物。

白族的小伙子若对某个姑娘有意，就会向对方要一双鞋子以作试探。如果姑娘愿意送，则表示她也爱上了这个小伙子，从此，小伙子穿的鞋子就由姑娘包了。

桂西一带壮族的小伙子在三月三的歌圩上对歌，如果遇到情投意合的姑娘，便会向她讨要白布鞋和花鞋垫作为定情之物。姑娘一般都不会拒绝，但是，要知道姑娘是否有意，还要看姑娘赠送的是什么样的鞋。如果两只鞋子留下的线头用死结系住，那就表示姑娘也看上了小伙子，愿意与他“生死相连，永不分离”。如果线头打的是活结，一拉就开，则表示姑娘已有了意中人或不中意小伙子。如果姑娘送来的布鞋没有钉扣子，或者有意将鞋里垫布的后跟头不缝完，留下线头让男方去接续，那就表示答应了小伙子的要求，意思是“你愿连就连”。而定亲以后，姑娘还会做一双精致的“同年鞋”送给小伙子。

四川的羌族小伙子只要恋爱了，就少不了收到恋人亲手绣制的云云鞋。这种云云鞋鞋形貌似小船，鞋尖微翘，鞋底较厚，鞋帮上绣有彩色云纹和杜鹃花纹，既耐看又耐用。相传云云鞋源自一个美丽的故事。传说有一位羌族少年每天去湖边放羊，生活在湖泊中的鲤鱼仙子看上了他，故意让他钓起来，现出人形与他相见。她看见这位少年打着赤脚，十分心疼，便顺手撕下一片云朵，摘来一束湖畔的杜鹃花，给牧羊少年做了一双漂亮的云云鞋。后来，他们成为一对幸福美满的夫妻。从

羌族云云鞋

那以后，坠入爱河的羌族姑娘总要绣制漂亮的云云鞋，作为珍贵的礼物送给情郎。

随着现代鞋业的发展，城市里年轻人穿上了新颖时尚的皮鞋，布鞋的盛世逐渐成为追忆，但仍然顽强地存活于现代社会。由于布鞋轻便舒适又透气，许多老年人都乐意选用，有一段时间，布鞋成为老年人的专用品。而在广大的乡村和少数民族地区，布鞋始终没有离开过人们的生活，即使是青年男女，在穿着时尚鞋类的同时，也会拥有几双精致的绣花布鞋，在节日期间配上民族传统服装去参加盛会。近几年，现代流行的复古思潮再次把布鞋推上了时尚的T台，有心的商家又根据现代社会的审美需求，对传统布鞋进行了改良，给女式布鞋增加鞋跟，设计出具有时代感的纹样，使得布鞋再次成为时尚女性的新宠。但是，技艺精湛的绣娘已经很难寻觅了，机器绣制的布鞋虽然精美，却缺少了些许韵味。

苗族绣花鞋垫

为了穿着舒适和便于清洗，人们穿鞋的时候总要配上鞋垫，即使到了现在也不例外。传统的鞋垫总是有漂亮的绣花，制作工艺也比较复杂，每双鞋垫都要经历做模子、打面浆、打炔子、描图、镶边和绣花等工序，手熟的妇女需八九天时间才能制作完成。这样做出来的鞋垫，穿着柔软、透气、吸汗，还耐磨、不变形、不怕水洗，经久耐用。而送双精美又实用的绣花鞋垫给情郎哥，也是许多少女表达情意的方式。因为男人多数时候是穿素朴的鞋的，偶尔有点花纹，纹样也不宜复杂和暧昧。但是鞋垫就不同了，它们被藏在脚底，除了送鞋垫的少女和穿鞋垫的情郎哥，其他人是很难见到的。因此，把要吐露的情话绣在鞋垫上，让它们稳住情郎行走四方的双脚，这也是姑娘们很好的选择。过去多数汉族姑娘订婚之后，都要给

土族绣花鞋垫

未来的丈夫绣制几双鞋垫以明心意，这几乎成为约定俗成的规矩。而其他民族的姑娘也常常用绣花鞋垫作为定情信物送给心上人，如壮族、土家族、苗族等。

如今，由于生活方式的变化，许多女性已经不会刺绣了，会做绣花鞋垫的人也越来越少了。虽然地摊上经常有貌似传统鞋垫的商品出售，但其实它们都是用机器扎制的，这种鞋垫布层比较少，扎得也不细密，使用起来总是因为太软而容易移动，常常会有鞋垫跑出鞋子的尴尬，而且穿了几天就会变形。超市里买的又太硬，穿起来不舒服。现如今，传统鞋垫的商业价值也被挖掘了出来，一些商家找民间会刺绣的妇女定做绣花鞋垫，作为礼品来销售，这些鞋垫既有传统的喜庆纹样，又有民族风情图案，还有现代漫画图案，许多年轻男女又开始把它们作为时尚的礼物赠送给恋人。

腰带

天黑坐在织布房，手拿布来心念郎；

不织麻布不绣巾，织条腰带送情郎。

在纽扣出现之前，腰带是人们不可缺少的服装配件。古代的衣服没有纽扣，只是在衣襟处用几根小带系结，这样的服装不随身，行动和劳作都不方便，还容易松散，于是，人们就在腰部系上一根带子束紧衣服，这就是腰带。

古时候的腰带分为两大类。一类是皮革制成的，叫做“鞶革”或“鞶带”。这种革带类似于现在的皮带，在皮带的一端打一孔，另一端拴一用来固定的物品（用金属或玉、石、骨、木做成），钩状的叫“带钩”，环状的称“带鐍”，用的时候将两端搭起来就行了。革带是男人的通用物品，也是历代官服使用的腰带，赵武灵王“胡服骑射”时，胡人的腰带蹀躞带传入了中原，这种腰带上附加许多小环，可以将小饰物随身携带，对后来腰带的演变起到了很大作用。到唐代时，官服使用

束腰带的
纳西族小伙

的革带颜色及佩饰就有了非常明确的规定，革带也逐渐淡化了它的使用功能，成为官员身份的标志。《九品芝麻官》里的县令，总是在圆圆的肚子上松松地挂上一条黑色的腰带，那腰带似乎随时会掉下来，因此他说几句话就用双手去提一提。小时候每次看这个戏，都觉得系那条腰带多此一举，没想到，原来那是在炫耀他的官员身份。另一类腰带是用丝帛织成的，这种腰带柔软绵长，往往在腰间绕上两圈再打个结，古代女子主要是用这种腰带，男人穿常服的时候也系丝带。女孩子们总是把结打得像花一样，让长长的丝带垂至脚背，再配上一些穗子、金玉小件什么的，走起路来带随风动，配件撞击叮当作响，尽显柔媚之情。

好的革带和丝带只能是大户人家的奢侈品，普通百姓只用得起熟牛皮制成的韦带和棉麻腰带。对于贫苦百姓来说，腰带——特别是布腰带——不仅仅是束缚衣服的配件，它还可以当衣服使，还是具有多种功能的工具。寒冷的冬天，用长长的腰带在腰间一勒，衣服紧贴身体，再大的风也钻不进去，比多穿件衣服还管用，因此关中有“三棉不如一缠”的谚语。劳作时出汗了，腰带就是最方便的毛巾，撩起腰间垂下的布腰带轻轻一抹，就可以甩开手来接着干。劳作结束回到家门口，腰带就是最顺手的清洁工具，解开腰带在身上这么“噗噗”一打，满身的尘土立即消失。赶集市碰到了合适的东西，腰带就是最如意的提袋，打开腰带把东西一包就可以继

续逛集。在山上碰到了干燥的柴草，腰带就是最好的绳索，用它一捆就背回了家。藏族、蒙古族等少数民族也有腰带的妙用。他们把袍子从腰带里往上拉出一部分，就形成了一个天然的大口袋，随身物品就放在这里，妇女把里面垫得软软的，成为婴孩舒适的摇篮，就可以劳作、看孩子两不误了。

几千年来，功用颇多的腰带都是人们重要的日常用品，而它紧紧缠在人们的腰间，不经意就流露出缠绵悱恻的意思，许多青年男女也就选择它作为传递情谊的信物了，在一些少数民族，腰带甚至成为确定恋爱关系的依据。

云南红河两岸彝族姑娘恋爱之后，就要利用闲暇时间，背着长辈用彩色丝线绣制一条有花朵、蝴蝶、小鸟图案的腰带，送给小伙子，小伙子收到花腰带，就表示他们之间的恋爱关系正式确定了。电影《花腰新娘》就是以这样的一条花腰带为线索，用赠送花腰带、退回花腰带和再次赠送花腰带的过程来展现男女主角之间的感情发展的。

广西瑶族的男女青年用互换腰带的方式来确定恋爱关系。男女青年在对歌时若相中了对方，就离开人群单独相会，姑娘就解下自己亲手绣的花腰带赠给小伙子，若小伙子也以腰带回赠，则表示愿意与她交往；若不同意，就拒收姑娘的腰带。有时姑娘见小伙子迟迟不回赠，就邀上姐妹去抢，只要抢到了小伙子的腰带，就算确定了关系，双方都不能再与其他人恋爱；若想解除关系，则必须亲自讨回腰带。

福建畲族的姑娘定亲时，要赠给男方一条或两条彩带，这种彩带是用13根经线编织而成的，畲语叫“十三行”。有时姑娘与小伙子通过对歌建立感情后，也会

花腰傣姑娘腰间的花腰带

把彩带悄悄送给情郎或公然束上情郎的腰，还会唱起赠带的情歌：“一条丝带斑又长，送给郎子束身上。彩线拦边双手织，肽着带子肽着娘。蝴蝶成双翅膀翘，彩带一条束郎腰。太短娘女接上织，太长连娘一起绕……”

云南傣族姑娘喜欢佩戴银腰带。一般傣族男青年在结婚前，都要打上一根一两斤重的银腰带送给未婚妻。从傣族女子的腰带上，我们还可以窥见她们的婚姻状况，若腰带上挂有钥匙，则说明她已为人妇，正为某人保管财产，若没有，则说明她还待字闺中。

随着冠服制度的解体和纽扣、拉链的广泛使用，腰带的实用意义越来越小（除了一些特殊的作业腰带），几乎成为纯粹的装饰品。如今的腰带品种繁多，质地、款式、图案丰富多彩，也越来越趋向于个性化。少数民族的传统腰带也被开发成为旅游产品和礼品。一些服装设计师以传统腰带为基础加入时代的元素，设计出了既具有传统韵味又有时代感的腰带，受到了现代人士的青睐。

肚兜

结识郎君情对情，做个兜肚送郎君；

上头两条勾郎颈，下头两条抱郎腰。

肚兜，是最具中国风情的传统内衣，据徐珂《清稗类钞·服饰类》记载：“抹胸，胸间小衣也。一名袜腹，一名袜肚。以方尺之布为之，紧束前胸，以防风之内侵者。俗谓之兜肚，男女皆有之。”在历史上肚兜有众多名称，汉代称为“抱腹”或“心衣”，唐代的无带内衣称为“诃子”，宋代称为“抹胸”或“袜胸”，元代叫“合欢襟”，明代叫“主腰”，到了清代就成为我们熟知的“肚兜”或“兜肚”。现如今，人们用得最多的称谓是肚兜、兜肚、抹胸、裹肚、兜兜等。

肚兜在我国历史上有两个盛世。

唐朝是我国历史上一个开明的盛世，也是肚兜的第一个盛世。唐朝妇女也开创了我国内衣外穿的先河。她们身着紧身窄袖的袒胸短襦，贴身的“诃子”上端微露，下系高腰长裙，外披一件透明的帛衣，将高贵华丽和妩媚多情完美地融为一体。为了适应外露的穿着需要，唐朝的“诃子”都做得十分精美，特别是外露的部分，用五色丝线绣得花团锦簇。

汉族肚兜

侗族肚兜

清朝是肚兜最为流行的时候，男女老少都离不开。我国现在传世的肚兜，多数也是清朝的。清代的肚兜一般做成菱形，上端部分裁为平直形，形成五角，上面两角及左右两角缀有带子，带子的质料有丝绳、金链、铜银等，使用时上面两带系结于颈，左右两带系结于背，最下面的一角（有时做成圆弧形）正好遮挡住肚脐小腹。肚兜上有各类精美的刺绣，有的还在腹部缝一口袋，装一些香草料，兼有药疗及香囊的功用。儿童夏天炎热之时只穿一件肚兜，口袋里装一些零食，嬉戏玩耍别有一番风趣。

肚兜是紧贴肌肤的衣物，属于最私人的物品，正因为这

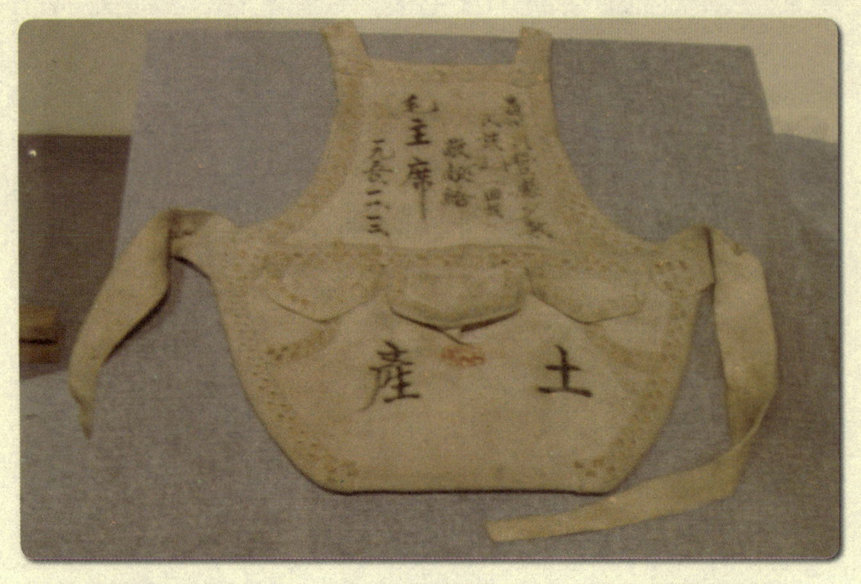

回族人民献给
毛主席的羊皮肚围

样，它也是最具感情的信物，如果女人把肚兜送给男人，则表示她愿以身相许。

过去陕西有一种“嫁妆望子”的婚俗。姑娘定亲后，就要精心绣制两个花肚兜，一个绣上并蒂莲之类表达爱情的吉庆图案，给她未来的丈夫；另一个绣上五子登科或龙凤、青蛙等图案，给她自己。在接亲的时候，这一对绣花肚兜要高高地挂在花轿前，向人们展示新娘子的心灵手巧。

民国之后，由于西式服装的东进，男人基本上不穿肚兜了，城里的女人也不爱用了，只在乡下和孩子们的身上还时常看见。但是峰回路转，在今天崇尚民族元素的时尚舞台，肚兜再一次受到了世人的注目，并曾一度引领国际潮流，可为第二个盛世。今天的肚兜，从面料、款式、花纹、色彩、穿着搭配等方面，都有了众多突破，已经成为了时尚女士的闺中之宝、服装设计师的杀手妙招，在日常装、晚礼服、沙滩装均可见其身影。

爱美之心人皆有之。

女人希望自己在意中人心中永远是最美的，用尽了心思来打扮自己。

男人希望自己的意中人是最漂亮的，倾其所有为其装扮。

于是，头花、簪钗、戒指等或精美或贵重的首饰就在你赠我戴中包含了浓浓的情意。

头花

随手摘下花一朵，我与娘子戴发间。

花是自然之美的精华。形形色色的鲜花依次在灿烂的阳光下舒展开放，借着风力将沁人的香气播向四面八方，让大地充满了欢乐的气息。说不清是什么年代，也说不清是哪个女子，第一次用纤纤玉手摘下带着露珠的鲜花，轻轻插上了她如黛的发髻，从此，花就再也没有离开过女人的头发。

女子簪花作为习俗，汉代就已经出现了。汉以后，簪花之风日盛。唐代诗人元稹就在《村花晚》中描绘了女子争相插戴时令鲜花的情景："三春已暮桃李伤，棠梨花白蔓菁黄。村中女儿争摘将，插刺头鬓相夸张。"李白也有"山花插宝髻，石竹绣罗衣"（《宫中行乐图》)的诗句。《红楼梦》中也多次出现簪花的情节，令人记忆最为深刻的，大概就是刘姥姥一进大观园时满头黄花的捧腹场景了吧。

古人所簪的花，最初是鲜花。随着时令的不同，所簪的花因季节而逐渐变化，一般春天多戴牡丹、芍药、茶花，夏天多戴茉莉花、石榴花、栀子花，秋天戴菊花、楸叶、葵花，冬天多戴梅花、雪柳等。由于鲜花容易凋零，每天都要更换，后来就出现了用罗、绢、通草等原料制成的假花，由于这种花一开始是专为宫中妇女制作的，所以称为"宫花"。宫花工艺精细、栩栩如生，花形保持持久，又可以重复簪戴，它一出现就受到了普遍的喜爱。随着簪花习俗的盛行，头花工艺也有了更大的发展，不满足于绢花的秀丽，工匠们又用金、银、珠、玉、宝石等材料创制出了富贵华丽的头花：用珍珠串成的花朵俗称"珠花"，用金、银、铜等金属材料制成花朵状的饰物叫做"金钿"，在金钿上加贴一层翠绿色的鸟羽就成了"翠钿"，如果在金钿上镶上宝石或者用宝石做花片，则被称为"宝钿"。

女子簪花平常之极，然而，我国古代还存在过男子簪花的习俗。古代男子簪

簪花仕女图

花最早可以追溯到南北朝时期。欧阳询《艺文类聚》卷五十八有这样的记载："（梁简文帝）又答新渝侯和诗书曰：'……含超潘陆，双鬓向光，风流已绝，九梁插花，步摇为古，高楼怀怨……'"（九梁就是朝冠上装饰的九条横梁）。可见，在那个时候，男子在帽上插花不仅不被厌恶，反而被认为是风流潇洒之事。到了唐代，男子簪花就已经比较普遍了。《太平广记》引《羯鼓录》中，就记载了唐明皇为宁王在绢帽上插戴木槿花的事情。宋代不仅是男子簪花最盛行的时期，而且簪花还形成了一定的礼仪制度。《宋史·舆服志》记载："中兴，郊祀、明堂礼毕回銮，臣僚及扈从并簪花，恭谢日亦如之"。每到节日、庆典之时，皇帝还会按品级给臣子赐花，"大罗花以红、黄、银红三色，栾枝以杂色罗，大绢花以红、银红二色。罗花以赐百官；栾枝，卿监以上有之；绢花以赐将校以下。"（《宋史·舆服志》）有趣的是，皇帝赐的花，不戴还不行，司马光就曾有戴与不戴的尴尬。他在《训俭示康中》写道："吾本寒家，世以清白相承。吾性不喜华靡，自为乳儿，长者加以金银华美之服，辄羞赧弃去之。及至新科及第，喜宴独不戴花。同年曰，君赐也，不可违也。乃簪一花。"一时间，大街小巷到处可见头簪花朵的男子，杨万里戏诗曰："春色

仕女图

头戴绢花的傣族少女

阿昌族姑娘头上的绢花

何须羯鼓催?君王元日领春回。芍药牡丹蔷薇朵，都向千官帽上开。”（《庆寿口号》）宋以后，男子簪花的就逐渐减少了，到了明、清时候，除了科举一甲前三名游街时还沿袭古制簪金花之外，其他时候几乎不可见了，若偶然有此行为者，则被看做是怪异之徒。（清·赵翼《陔馀丛考·簪花》）

男子簪花虽不时兴了，但女子簪花却从未消失过。记得笔者小的时候，每到夏天，就会和小姐妹们相约一起去摘栀子花苞，那种半开或欲开的最好，拿回家放在杯子里泡着，等它们逐次开放，不仅满屋子都是栀子花的香味，而且每天都有新鲜的花扎在发辫上。后来，由于更多时尚发型的出现，城市的女孩子们渐渐不再扎戴鲜花了，鲜花只出现在特殊场合（如婚礼、演出、拍照等）。但是绢花、水晶头花等花样却仍在不断翻新，装点着爱美的女人们。

女人爱美愿戴花，男人自然就会推波助澜。采一束鲜花或买一朵精美的手工头花送给喜欢的女孩子，花销不多，却能驳得姑娘的好感，自然是男孩子愿意的事情。赠送头花就成了男孩对女孩表示好感的常用方式。而在少数民族地区，则还存在着鲜花求爱的风俗。布朗族小伙子一旦看上哪个姑娘，就会采一朵姑娘喜欢的鲜花送给她。姑娘收到花之后，则根据自己对小伙子的情感，做出不同的反应：若她当面把小伙子送的鲜花戴在头上，即表示对小伙子有意；若她随意评论花的好丑，或将花丢进背篓，那就是表明拒绝小伙子的求爱；如果接花后反复观赏而不戴，那就是主意未定。有些漂亮的姑娘，会收到几个小伙子送的花，她便将花装在挎包内，等碰到中意的小伙子时，便迅速取出鲜花当面插在包头巾上，小伙子就明白了姑娘的心意。西双版纳傣族的日尼小伙子，若看中某位姑娘，就采一朵茶花，并在花上系两条棉线，将此花赠给姑娘，表示我愿和你结成一对。姑娘礼貌地收下信物后，也要用茶花回赠男方：若茶花上系一条棉线，表示我不喜欢你；若花上系两条棉线，表示我愿与你结成一对；若花上系着三条线，表示我已经有了心上人，而你是多余的一条线。

可以肯定，无论是过去、现在还是未来，花永远都是女人忠实的伙伴，人面红花交相映是不绝的风景。

簪钗

奴有并头莲，赠与君关髻。凡事同头上，切勿轻相弃。

簪的本名叫“笄”，是我国古人用来安发固冠的工具。根据《礼记》记载，古代女子年十五若已许婚，则要行“笄礼”，即将头发挽成髻，插上笄，以示成年，可以婚嫁；男子年满二十则要举行“冠礼”，即将头发在头顶挽成髻，在发髻外面戴上冠，用笄横插在冠左右的小孔上以固定发髻。

最早的发笄应该是竹制的，但由于竹木难于保存，我们现在能够见到的上古时期的发笄大多是玉、石、骨制品。秦汉以后，笄改称为“簪”，制作材料从简单的玉、石、骨扩充到了玳瑁、犀角、琉璃、金、银、翠羽等贵重物品，制作工艺也日趋繁复，簪也从实用的固发工具逐渐

古代玉发簪

现代别致的步摇　图片联盟提供

古代簪钗

演变成了头上的装饰品。

簪的最初造型十分简洁，一头尖细以易于插入发髻，另一头较粗，以利于稳固发髻。后来往往在较粗一头的顶端镶上玉石、珠子或其他贵重物品以作装饰。再后来，不仅出现了用各种材料制造的动植物、花鸟造型的发簪，而且簪身也有了新的造型，出现了不易从发髻脱落的波浪形簪身和装饰性极强的扁簪。

钗是发簪的一种变体。钗与簪在造型上最大的区别在于：簪的头尾为一股造型，没有开叉；钗则由头部延伸出来多支或多股造型，以双股为其基本样式。汉·刘熙《释名·释首饰》："钗，叉也，像叉之形因名之也。"另外从使用方面来说，簪是男女通用的固发工具，而钗则是女子专用的发饰。钗因其功能可分为素钗和花钗，素钗只起固发的作用，而花钗则主要起装饰作用。钗的出现最迟在春秋时期，我国考古发现的最早的骨钗是在山西侯马春秋墓出土的。到了唐朝，由于高髻的流行，发钗的制作达到了登峰造极的地步，最长的钗能达到30～40厘米，甚至还出现了一股长一股短的钗。

苗族银花钗

在簪钗的顶端挂上一串珠子，坠

清代黎族
刻花人形骨簪

上些花朵或小香囊之物，戴在头上，串珠随着女子的走动而左右摇摆，增添了几分摇曳的姿态，因其随步而摇的特点，这种簪钗被形象地称为“步摇”。步摇是簪钗的一种延伸形式，我国目前最早的步摇资料是西汉长沙马王堆一号汉墓出土的帛画上的贵妇头饰。

簪钗的使用一开始是很自由的，但随着社会的发展，制作工艺的日益精细，簪钗的插戴方式也逐渐被统治阶级制度化了。春秋战国时期，簪以质料的不同来区分尊卑。诸侯、王后、夫人用玉制的，大夫与其妻用象牙的，一般平民只能用骨制的。《诗经·鄘风》中有“君子偕老，副笄六珈”的诗句，孔颖达《疏》解释说：“此副与珈饰，唯后夫人有之，卿大夫以下则无。”自北齐开始，花钗的插戴也根据命妇的品级，在形制和数量上有了严格的规定。唐代的规定是：皇后“首饰大小华十二树”，皇太子妃“首饰华九树”，命妇一品“花钗九树”，二品“花钗八树”，三品“花钗七树”，四品“花钗六树”……清末以后，发钗失去了其身份标志的性质，成为妇女们普遍使用的簪发饰发的工具。虽然制作发钗的材料众多，但银钗却最为普遍，插戴银钗成为了民间妇女的普遍习俗，我国现存的簪钗也以银质的数量最多。

随着工艺的发展，簪钗的花样也层出不穷，人们将自己的心愿变换成花样制作成簪钗戴在头上或赠与他人，以求吉祥。莲花童子图案寓意连生贵子，瓶中牡丹图案寓意平安富贵，喜鹊登梅图案寓意喜上眉梢，石榴、佛手、桃子组图寓意多子、多福、长寿……而蝶恋花、并蒂莲等纹样则是青年男女传递情意的首选。

钗因其钗脚相辅相成，不能去其一而独立存在，故被视为爱情的象征，因而常常被作为爱情的信物。温庭筠《懊恼曲》有：“两股金钗已相许，不令独作空成尘”的诗句。由于发钗是双股的，离别的情人往往将它折断，各持一股，既可以在分离的日子中聊解相思之苦，又可以在重逢时两股合璧，表达此情不渝之决心，因而古代还形成了一种恋人离别赠钗的习俗。辛弃疾在《祝英台近·晚春》中用“宝钗分，桃叶渡，烟柳暗南浦”来描述离别之苦，纳兰性德则用“宝钗拢各两分心，

簪花并插银簪的少女

定缘何事湿兰襟”的词句来表达与自己所爱分离的痛楚。而《长恨歌》中几句“唯将旧物表深情，钿合金钗寄将去。钗留一股合一扇，钗擘黄金合分钿。但教心似金钿坚，天上人间会相见。”就刻画出了一个痴情的唐明皇，令后人为他和杨贵妃之间的爱情感动、惋惜。

民国之后，短发、烫发的流行使得簪钗逐渐从城市女性的头上消失了，然而它仍然是少数民族妇女头上亮丽的风景，特别是在盛装的时候。苗族长针银簪、侗族坠花穗银簪、布朗族三尾螺银簪、蒙古族镶宝石银簪、黎族人形骨簪、藏族镂花牛角簪、回族及维吾尔族金簪等民族特有的发簪，甚至成为民族的标志之一。

时尚总是周而复始。峰回路转，消弭一时的发簪在民族风的影响下以惊艳的方式再次出现，无论是高耸的螺髻还是低垂的团髻，一根发簪轻轻一插，温婉的东方风韵立即呈现。发簪再也不是已婚和已许婚女士的专利了，转而成为时尚女性的闺中之宝，从年轻俏丽的姑娘到时至暮年的大娘，都运用发簪将头发变换成各种不同的发型，烘托出各自不同的神韵。发簪的材质也因现代科技的发展而更加丰富多彩，除了传统的玉、宝石、金、银等材料之外，人造水晶、玻璃、塑料等材料是比较常见、价位也较容易接受的。今天，身穿旗袍头挽发髻斜插发簪的形象已经成为了中国女性的国际形象。

藏族戒指

戒指

捻指环，相思见环重相忆。愿君永持玩，循环无终极。

戒指是现代人众所周知的爱情信物，女人们最幸福的时刻就是心仪的男子将小小指环套上她们手指的时候。很多人都误以为戒指定情是近代社会从西方传进我国的，其实不然。戒指在我国原始时期就已经出现了，我国考古发现最早的戒指是从山东省大汶口—龙山文化时期(约公元前4040～前2240年)的墓中出土的。

戒指在早期社会的用途虽与婚姻有关，但却与现在的定亲之意大有区别。戒指原名指环，又名“手记”、“代指”，“戒指”这一名称是在明朝以后出现的，它重在一个“戒”字。《诗经》有记载：“后妃群妾以礼御于君所，女史当其日月，授之以环，以进退之。生子、月辰资金环退之；当御者以银环进之，著于左手，即御者，著于右手。事无大小，记以成法。”宋《太平御览》“服用部”也有类似的记载，可见，戒指在中国古代是皇室嫔妃是否能与皇帝同房的标记，具有提示、避忌的意思。后来流传到官宦及民间，逐渐演变成了定亲的信物。“何以致殷勤，相约一双银。”（后汉·繁钦《定情诗》）描述的就是汉代青年男女互赠银戒指誓以心相许的情景。

史料上还有皇帝用戒指订婚的故事。《南史·后妃下》记载：“而武帝镇樊城，尝登楼以望，见汉滨五彩如龙，下有女子擘绕，则贵嫔也。……帝赠以金环，纳之，时年十四。”讲的就是梁武帝用金戒指做信物，将十四岁的丁氏女娶进宫的事情，后来，丁氏女作了梁武帝的贵嫔。

上古时期的戒指以骨、石、玉等材料为主，随着冶炼技术的发展，铜、金、银等金属材料的戒指越来越受到青睐。由于铜谐音“同”，铜镀金戒指曾一度作为定情的信物广为流行，以取“同心”之意。

金戒指由于材料的贵重，在封建社会受到了身份的限制。《明史·舆服三》记载：“庶人冠服：……首饰、钗、镯不许用金玉、珠翠，止用银。”因

现代钻戒

此，银戒指就受到了普通民众的广泛喜爱。我国现存最多的戒指为银质戒指，虽然不能用贵重的玉和珠翠作点缀，但手艺精湛的工匠们能够雕刻出丰富多彩的花样图案，使得戒指不仅精巧美观，还具有祈福禳灾的寓意。

今天的戒指，不仅在材质上有了大的突破，在造型上也更加新颖别致，在传统吉祥图案之外，出现了许多更具个性、更夸张的造型，成为时尚达人不可或缺的饰品。而在西方文化和大众传媒的影响下，钻石戒指则成为恋人们约定终身的首选，以取钻石坚固不变之意。

腰刀

定情的腰刀

闪耀着爱的光芒

系在腰间放在心上（思蒙巴特尔《你是我打马仰望的天堂》）

腰刀是男人们最具男性气质的装饰物。直到现在，蒙古族、藏族等民族的小伙子还有在腰间系上一把明晃晃的腰刀的习惯。在现代社会，腰刀主要起装饰作用，但在古代，腰刀是男人最心爱的宝贝。遇到了敌人，它就是最锋利的武器；遇到了

民国时期
蒙古族腰刀

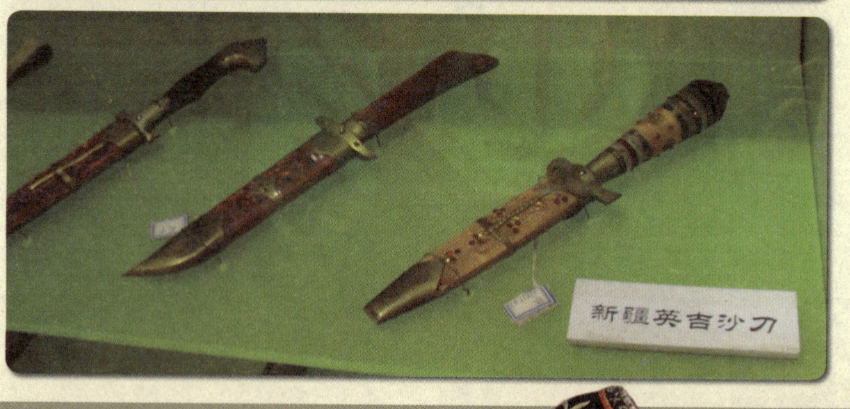

新疆
英吉沙小刀

挂腰刀的
保安族男子
图片联盟提供

猎物，它就是最顺手的工具；而和朋友欢聚畅饮时，它又成了分割食物的好帮手。一有空闲，男人们就喜欢抽出心爱的宝刀，一边用布小心地擦拭，一边细细地欣赏，这是他们最惬意的时候。而遇到了心爱的姑娘，他们又会毫不犹豫地将心爱的宝刀塞到她的手中，以示最宝贵的物品送给最宝贵的人。

我国有三大名刀：新疆的英吉沙刀、内蒙古的蒙古刀和甘肃的保安刀。

英吉沙小刀以其产地英吉沙县得名，有近300年的生产历史。英吉沙小刀采用特硬不锈钢制成，不仅经久耐用，而且美观大方。英吉沙小刀最大的特点在它的刀柄上。它的刀柄一般采用羊角、鹿角或铜制成，刀柄上总会装饰一些宝石般的彩色玻璃和塑料颗粒，闪闪发光，煞是夺目。据说英吉沙小刀上的宝石装饰，来自一个传说故事。传说古代西域有一个水草丰美的地方，人们安居乐业，过着平静快乐的生活。可是，有一天，从沙漠里来了一个可怕怪兽，它口吐夹带着黄沙的狂风，一夜之间就把这个美丽的家园变成了寸草不生的荒漠。为了保卫自己的家园，人们想尽一切办法与怪兽战斗，但是，牺牲了许多人却没有赶走怪兽。后来，有人突然发现这个怪兽十分害怕耀眼的闪光，人们就把珍珠、宝石等耀眼的东西镶嵌在刀柄上，趁怪兽躲避光芒的时候，将它杀死，终于将家园从荒漠中拯救了出来。而从此以后，新疆就留下了用珠宝镶嵌刀柄的习惯。

马背上的蒙古男人，腰间少不了一把锋利的蒙古刀。但是，蒙古男人并不用这

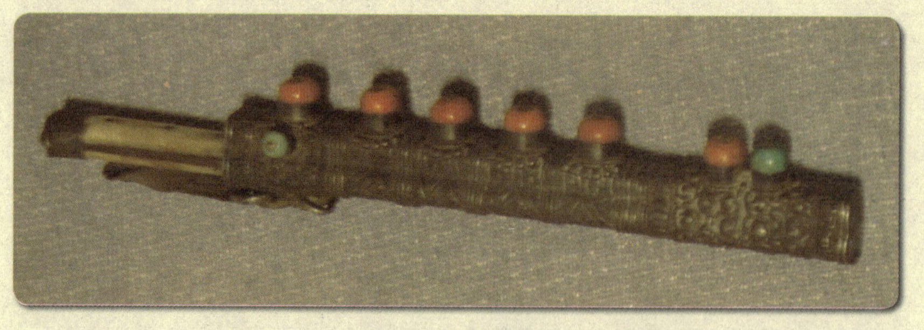

民国时期
藏族腰刀

把刀去和人争斗，事实上，这把刀是他们喝酒吃肉时的好帮手。因此，蒙古刀最讲究的是实用。蒙古刀由刀、刀鞘和骨筷组成。蒙古刀的刀鞘、刀柄多用檀木或兽骨做成，刀鞘的两端和腰身多用不锈钢、铜或银制作出精美的花纹装饰，高档的填烧珐琅、镶嵌宝石，还带有象牙筷子和红缨穗。因此，高档的蒙古刀不仅是实用的餐具，还是精美的艺术品。

现定居于甘肃的保安族人民，在清朝咸丰年间曾辗转迁徙，在途经青海循化地区的时候，向当地人学到了打刀的技术，沿袭发展至今，已有130年的历史，并逐渐成为了闻名的腰刀制作民族。保安腰刀的制作工艺包括设计、打坯成型、加钢淬火、刻花刺字、镶嵌磨光、砸铆等80多道工序，经过反复锻打的钢刀削铁如泥。保安腰刀种类繁多，比较著名的有雅吾其、波日季等20多种，其中由多种颜色的骨、铜、银等镶嵌而成的“什样锦”、“波日季”最为著名。关于“波日季”还有一个动人的传说。很久前有个名叫波日季的保安族青年，身怀打刀绝技，常以打刀换来的钱财、食物周济贫困的乡亲，因此招来了富豪的不满，富豪不准他帮助穷人。波日季不畏强暴，宁愿把宝刀赠送给汉、藏、土族兄弟们作护身武器，也决不向恶人低头。富豪恶霸残酷地把他的右手砍了下来。为了纪念这位刚直不阿的英雄，人们在自己打制的腰刀上刻下“一把手”的图形，并把这种刀叫做“波日季”刀。

金庸小说里有一个“金刀驸马”，其实来自于蒙古族腰刀定情的习俗。除了蒙古族、维吾尔族、保安族，还有很多民族也用腰刀来作定情的信物。藏族年轻姑娘、小伙子感情发展到一定程度，经父母同意后，男女双方就会互换定情物，以示决不反悔。订婚后，男女不再与其他男女相约和来往。而男方送给女方的定情物就以腰刀和戒指为主。泸沽湖畔的摩梭小伙与姑娘两情相悦后，则要把自己的祖传腰刀送给姑娘作为定情物。

叁 随身携带的灵器

人生是短暂的，转眼之间，牙牙学语的孩童就变成了白发苍苍的老人；人生是无常的，偶遇的一件小事就改变了一个人一生的命运；人生是坎坷的，走哪一条路都避免不了风雨的袭击。对于无法预知的灾难，人们希望能够尽量避免，对于无法掌控的未来，人们期望能够尽量美满。人们运用想象和联想，创造了各种神灵器物，把它们佩戴在身上，或者藏进衣服里，让它们随时随地保护自己。

保延寿命的长命锁

无论何时何地，新生儿的诞生都是令人欣喜的事情，无论父母的条件如何，都会为他们庆贺。在我国，就有满月、百天、周岁等庆祝活动，而直到今天，在这些活动中，一般都少不了给新生儿戴长命锁的仪式。我国民间认为，长命锁具有锁住婴儿的魂魄不被鬼魂勾走，保佑婴儿无灾无祸、平安长大的作用。在过去，婴儿戴上长命锁后，要到长大成亲的时候才取下来，有的人甚至佩戴一生。近代，有些地方到了孩子十二三岁的时候，为孩子举行“开锁”仪式，取下长命锁，表示他已成人，相当于一种变相的成年礼。而到了现今社会，戴长命锁往往只是一个仪式，在庆祝活动结束之后，就取下来，由父母好好收藏。虽然佩戴的时间长短不一，但希冀孩子健康成长的心愿都是相同的。

有学者认为，长命锁是由古时候的“长命缕”演变而来的。长命缕，又叫五色缕，由红、黄、蓝、白、黑五色丝线编织而成，据说这五种颜色分别代表东、西、南、北、中五方。古时端午节的时候，人们把这种五彩的长命缕缠绕在儿童的手臂上，用来辟邪除瘟。到了宋代，长命缕上又加缀了珠子，称为“珠儿结”或“彩线结”。也开始由臂饰发展成为项饰。长命锁最迟在宋朝就出现了。根据万新华《生命的寄寓——长命锁略谈》一文，台北故宫博物院藏南宋·苏汉臣《长春百子图》和南宋·苏焯《端阳戏婴图》这两幅画中，就同时绘有佩戴长命锁和长命缕的儿童形象。明、清以后，儿童佩戴长命锁在民间就极为流行了。

汉族连生贵子银锁

民间常见的长命锁主要是项链锁和项圈锁，都是在金属项链或项圈上缀一金属制的锁形饰物，锁上雕刻着吉祥图案，写着“长命富贵”、“ 长命百岁”等字样。长命锁有如意形、圆形、方形、腰果形等形状，有的只是薄薄的一片，有的却是一把立体的小锁，有的方形锁还配有钥匙，可以打开。长命锁以银制为主，富贵人家也有戴金锁的。有的长命锁下面还缀有银链、银铃、银片等饰物。

长命锁上的图案主要是人物花卉，一般都是图案加文字的组合，常见的传统图案有麒麟送子、福禄寿喜、五子登科、历史故事等，新中国成立初期也出现了一些具有时代感的纹样，如有国徽图案以及保家卫国、少年先锋等题材的图案。

长命锁的铸造也很讲究。有的地方要由外婆在孩子满月的时候赠送。有的地方为消灾避祸，要给新生儿找到一对吉祥的夫妇认作干爹干妈，长命锁则要干爹干妈出钱为新生婴儿打制，意为寄在干爹干妈的名下，得到他们的庇护，这种锁就叫做“寄名锁”。有的地方还把孩子寄名到寺院或道观作弟子，含有借佛教或道教神灵的力量锁住小孩的命，避免受邪魔伤害的意思。还有一种长命锁，叫做“百家锁”。胡朴安《中华全国风俗志》中记载了江西省打造百家锁的风俗：“每逢小孩初生，为父母者，必有种种迷信，如凑百家锁一事，尤为赣之通行品。其法以白米七粒、红茶七叶，以红纸裹之，总计二三百包散给亲友。收回时，须各备钱数百文，或数十文不等。将集成之钱，请金楼银铺作坊打制‘百家保锁’，系于小孩颈上，即谓之百家锁，谓佩之可以保延寿命云云。”而在北方，过去是由小孩的家人走家串户，挨门挨户各乞讨一文钱，然后用讨来的钱请工匠打制或购买一把长命锁，意为借百家的福寿以保孩子的寿命。有的人家觉得募钱麻烦，干脆用整钱找乞丐换取零钱制锁，因为乞丐的钱是来自百家的。

汉族福寿银锁

彝族大银锁

直到现在，给新生儿戴长命锁的习俗仍然十分流行。但是，“化百家锁”的习俗已经很少见了，锁一般也不是去金银铺打制了，而是在珠宝首饰店去购买现成的。锁上的图案也随着时代的变化有所发展，除了保留一些传统吉祥图案外，在长命锁上刻上孩子的属相成了流行时尚。

除了百家锁，旧时还有给孩子穿百家衣的习俗。百家衣是由小孩的亲属向邻里每家讨要一块布，以百家为限，用讨来的布拼缝成一件衣服，给孩子穿着。由于这种衣服布料是向百家讨要的，颜色各异，质地不同，人们认为这种衣服与乞丐的衣服一样，小孩穿上后，就会和卑微的乞丐一样，容易长大。不过，在长辈充满爱心的缝制下，百家衣通常都做工精细，堪称精美的工艺品。

镇邪的虎形服饰

竖着尖尖的耳朵，瞪着铜铃般的眼睛，额头上顶着个“王”字，看上去威风凛凛，但红红的大嘴却微微上翘，一副憨态可掬的样子。这就是中国孩子最常戴的虎头帽。

虎被我国先人贯为“百兽之王”，认为它是所有动物中最有力量、最凶猛的一族，永远站于不败之地。正因为虎的勇猛神威，它被人们历代尊崇敬畏，从而演变成了人类的保护神，具有避邪镇恶、保佑安康的能力。东汉应邵《风俗通义》中有“虎者阳物，百兽之长，能执搏挫锐，噬食鬼魅”的记载，这就是古时候贴虎镇宅习俗的由来。

孩子是最脆弱的生命，在生活条件艰苦、医术水平不发达的古代社会，孩子因病夭折是很稀松平常的事情。因此，孩子一出生，大人们就用“虎”把他们包围起来，用虎的神威来驱赶鬼魅的邪力，以期孩子能够健康存活下来。

最常见的虎形服饰是虎头帽和虎头鞋。

虎头帽以棉帽居多，因为它可以将孩子的耳朵、脖子都包裹起来，仅露出孩子的面容，很合适挡风遮寒。虎头帽的制作工序非常繁琐复杂。首先要根据虎头帽的纸样将棉布剪成四份，两份为面，两份为里，并将面和里缝制在一起，然后在里面之间填充棉花缝成一个整体，这就是虎头帽的雏形了。第二步就是要给虎头添上五官了。根据自己的喜好，用各种颜色的面部剪出圆形、三角形、椭圆形或月牙形，然后用五色丝线在它们的四周和中间进行修饰，让它们变成小老虎可爱的眼睛、鼻子、嘴巴和耳朵，然后在虎头帽的相应位置缝上，这样，活灵活现的虎头帽就基本做好了。手巧的妈妈还会在老虎的嘴巴旁边绣上一些

汉族虎头童帽

老北京的虎头鞋

白色的胡须，在帽子的四周绣上各种美丽的花纹，让帽子更加生动漂亮。制作这样一顶虎头帽，一般都需要四五天的时间，所以，每一顶虎头帽都倾注了长辈对孩子无限的爱。

虎头鞋在我国有着悠久的历史，有些地区还有姑姑做三双不同颜色的虎头鞋送侄儿的风俗，俗语有："头双蓝（取谐音拦，即拦住不夭折），二双红（红能辟邪，可以免灾），三双紫落成（意即孩子在自家长大成人）。"有了蓝、红、紫三双不同颜色的虎头鞋，孩子必会安然无恙。关于这个风俗，还有一个故事。传说黄河岸边有个姓石的船工，他乐于助人，为两岸人摆渡过河从不要钱。一天，一位老奶奶冒雨过河请人为即将临产的儿媳接生。谁知她刚走到河边．风一刮，雨一淋，头像炸开似的疼。姓石的船工看见了，将老奶奶搀到屋里休息，自己替老奶奶去请接生婆。雨过天晴，老奶奶的儿媳生了一个大胖小子。老奶奶千恩万谢，送了一张画给船工。画上画的是一个正在绣虎头鞋的俊俏姑娘，船工看了很喜欢，就将画贴到了自己的茅屋里。从那以后，船工收船回到家里，总有一位漂亮的姑娘做好饭菜等他。原来，姑娘是天帝的女儿，天帝派她下凡与船工结为夫妻。过了一年，他们添了儿子，取名石虎。但是有一天，县官来到渡口，见船工的妻子貌美，想霸占为妾。船工的妻子见县官起了歹意，便收了凡身，回到画上。县官抢走了画并把画贴在了自己的床头。可是，不管县官怎样甜言蜜语，画上的美人就是不下来。小虎在家一直哭着要妈妈，送画的老奶奶告诉船工，让小虎的姑姑做双虎头鞋，小虎穿上它，就一定能够找到妈妈。按照老奶奶的嘱咐，小虎的姑姑连夜做好了虎头鞋。小虎穿上一试，身轻如燕，立刻向县官家飞去。见了县官，虎头鞋变成了老虎，咬死了县官，船工的妻子见小虎来救她，赶忙

苗族儿童的虎头棉帽

从画上跳下来，带着小虎高高兴兴地回家了。从此就有了姑姑送虎头鞋的风俗。

除了虎头帽和虎头鞋，中国孩子们还有虎头斗篷、虎形围嘴、虎形肚兜、虎头袢、虎头连脚裤等虎形的服饰，再加上虎头枕、布老虎玩具等，他们始终在老虎威力的庇护之下成长着。

除了汉族，有许多少数民族也崇拜虎，把老虎作为孩子的保护神，也给孩子们戴虎头帽，穿虎头鞋。但对于某些民族，老虎还是与他们有着血缘关系的祖先，他们的孩子穿虎形服饰还有着确认与虎的血缘关系、寻求祖先灵魂保佑的意思。例如云南的白族，自称为虎的后裔，他们给孩子取名多与虎有关，每年的三月，要给孩子佩戴用碎布缝制的小老虎，还要给孩子戴虎头帽，穿虎头鞋。彝族也自称虎的后裔，他们的孩子都要戴虎头帽，穿虎头鞋，系虎纹肚兜，连背娃娃的背布上都要绣“八方八虎”图案。

通神的玉佩

中华民族是一个爱玉、崇玉的民族，自古就有佩戴玉饰的习俗。

孔子说：“玉温润而泽，仁也；缜密以栗，知也；廉而不刿，义也；垂直如坠，礼也；叩之，其声清越悠长，其中诎然，乐也；瑕不掩瑜，瑜不掩瑕，忠也；孚尹旁达，信也；气如白虹，天也；精神见于山川，地也；圭璋特达，德也；天下

镂空玉佩
图片联盟提供

莫不贵者，道也。”正因为玉所具有的这些德，是君子之德，是天地之浩然正气，因此，在邪不压正的观念之下，玉就有了镇邪的功能。

我国的玉文化可以追溯到原始社会的新石器时代。那时的人们就发现了这种与众不同的矿石，由于它不同一般的硬度和温润美丽的光泽，人们把它看做大地的精华，认为它是天神所赐，具有通神的能力。因此，玉很早就用于祭祀天地诸神，祈求神灵保佑风调雨顺、五谷丰登、国泰民安。《礼记·月令》记载："仲春三月，祀用圭璧。”《周礼·春官·大宗伯》也记载说："以玉作六器，以礼天地四方……。”《尚书·金滕》记载，武王克殷第二年生了大病，群臣忧虑。于是周公筑祭坛与天通话，祈求上帝与先祖为武王延寿，并许诺“尔之许我，我其以璧与圭，归俟尔命”。即如果上天答应我的要求，我将用玉璧与玉圭作为归复天命的信物。以“玉”祭神、通神，发展到以“玉”喻神、称神（特别是天神），从而使玉与神仙思想紧密地联系起来。

《山海经》说："密山之上，丹水出焉，其中多玉膏，其源沸汤，黄帝是食。玉膏之所出，玉色乃清，五味乃馨，坚栗精密，泽而有光，五色发作，以和柔刚，天地鬼神是食是飨，君子服之，以御不祥。”《诗经》说："太华之山，上有明星玉女主持玉浆，服之成仙。”东晋的道教学者葛洪，他在《抱朴子内篇·仙药篇》中介绍了几种食玉的方法。

“宜子孙”玉璧　图片联盟提供

汉代的人们对玉更是顶礼膜拜，他们认为天然的玉石凝结了天地的精华，人死后，只要把玉器覆盖在尸体的表面，便可以保佑尸身不朽，灵魂升天。因此，他们发明了“玉蝉”放在死者口中，让死者手握精致的“玉握”，五官也用专门的玉器堵住。而玉能避邪护身的观念也从此深入人心。

玉佩是小型玉制饰品，最

民国时期傣族
蝶形玉坠银项链

初是挂在腰间的。战国、秦汉时期的玉佩繁缛华丽，甚至数十个小玉佩，如玉璜、玉璧、玉珩等，用丝线串联结成一组杂佩，用以突出佩戴者的华贵威严。魏晋以后，男子佩戴杂佩的渐少，以后各朝都只是佩戴简单的玉佩，而女子很长时间里依然佩戴杂佩，通常系在衣带上，走起路来环佩叮当，悦耳动听。后来，玉佩转为坠于胸间的项饰了，也就很少出现组佩，而以单件玉佩为主了。

古代人们佩戴的玉饰品，主要有玉玦、玉镯、玉扳指、玉刚卯、玉牌、玉动物、玉人、玉带钩、玉腰带、玉簪等。玉玦是人的耳饰，形似小玉璧，但留有一缺口以挂于耳际。玉刚卯又称玉严卯，长方体，中有孔，可穿绳佩挂，器面刻吉祥语句，用以驱邪，是古代的护身符。玉牌也是一种挂件，形状为方形或长方形，表面浅浮雕或镂空雕刻各种图案和文字。玉动物取象于自然界真实动物，圆雕或片状雕均有，造型姿态多样，栩栩如生，以玉龙、玉虎、玉鱼、玉猪、玉鹿等动物造型为多。

现代人佩戴的玉饰品，除少数玉戒指和玉镯外，多数是玉挂件，用红色或黑色的细绳串起来挂在胸前，而挂这些玉挂件的原因，主要还是纳吉驱邪的心理。因此，现代珠宝店出售的玉挂件的形状以圆璧形、动物形和人物形（以观音和佛为多）为主。璧是一种圆板形、片状、中部有孔的玉器，《说文》释璧："瑞玉，圆器也。"在古代，璧是一种重要的祭祀礼器，周礼有"以苍璧礼天"之说，因此，古人喜欢佩戴小型的玉璧用来寻求神灵的保护。而在我国民间，不知从何时起

现代玉佛吊坠

流传着一种“男戴观音女戴佛”的说法，认为男人佩戴玉观音，女人佩戴玉佛，就能受到神灵的庇护。因此，玉观音和玉佛就成了现代人的护身符，很多人都会贴身佩戴一个。

古人说“石美者为玉”，也就是说，玉是美丽矿石的通称，它的外延是非常广泛的。我们平时说的和田玉、蓝阳玉等，都是根据玉的产地来分辨的，而根据颜色的不同，玉又可以分为白玉、黑玉、翡翠、黄玉、赤玉、蓝玉等。在这种类繁多的玉中，赤玉是我国传统的辟邪物。

赤玉就是我们熟知的玛瑙，它是我国传统的玉石。玛瑙一语来源于佛经。在佛教传入我国之前，我国古人称其为“琼玉”或“赤玉”。关于玛瑙的来历，在我国古代有好几种传说。晋代王嘉在《拾遗录·玛瑙瓮》篇中记载了三种关于玛瑙的传说：一说玛瑙是马的脑血；另一说是恶鬼之血凝聚而成；还有一说是野外的鬼血化成丹石。正因为玛瑙的形成是如此诡异，所以古人认为玛瑙能够驱邪。如《拾遗录·玛瑙瓮》中说：“丹丘之地，有夜叉、驹跋之鬼，能以赤玛瑙为瓶、盂及乐器，皆精妙轻丽。中国人有用者，则魑魅不能逢之。”因此，古人很早就开始佩戴玛瑙，而由于玛瑙特殊的材质，较多的是打磨成圆珠，用线串起来作为项饰或腕饰。

灵器满身的藏装

生活在我国西域的藏族人民，他们的盛装让人过目难忘，其最大的特征就是他们全身都披挂着用各种珠玉宝石和金银制成的装饰物，显得富丽堂皇。不可否认，这种装扮有炫耀自家财富的成分，但是，如果我们深入地去了解一下西藏的文化，你会发现，原来这些色彩艳丽的装饰物，实际上是他们用来避邪的护身符。

藏族的护身符与宗教特别是佛教有着很深的渊源。藏传佛教里有七宝，据说可以辟邪，而对于七宝，各种经文的说法不一，《法华经》以金、银、琉璃、砗磲、码磁（玛瑙）、珍珠、玫瑰为七宝。《无量寿经》以金、银、琉璃、玻璃、珊瑚、玛瑙、砗磲为七宝。《阿弥陀经》、《大智度论》以赤金、银、琉璃、玻璃、砗磲、珠、玛瑙为七宝。《般若经》以金、银、琉璃、砗磲、玛瑙、虎（琥）珀、珊瑚为七宝。但不管是哪种说法，七宝不外乎金银珠宝玉石之类，因此，藏族同胞都

戴各色宝石项饰的藏族女子

喜欢在身上披挂用各种珠宝金银器串成的护身符。红的是红珊瑚和玛瑙，蓝的是绿松石，绿的是翡翠，黄的是琉璃，白的是贝壳和珍珠……色彩艳丽，夺人耳目。而他们胸前那个叫做“嘎乌”的银盒子，由于装着护身佛或符(赐咒文)、子母药、雷石、金刚结之类，则是他们重要的护身符。即使是在平时不盛装出现的时候，他们也喜欢在胸前挂上几串用红珊瑚、玛瑙、绿松石和琉璃串成的项饰以求吉祥。

天珠是藏族人民最珍爱的宝石，它有一眼到九眼的区别，其中以九眼天珠为最贵重。他们认为天珠是上天的恩赐，有着辟邪祛病的作用。关于天珠的来历，有

藏族“嘎乌”

着众多的传说。有一种说法，认为天珠是文殊菩萨的前身“曼殊室利佛”为解救百姓免遭瘟疫而撒下的。相传在公元前三千多年前，喜马拉雅山地区，发生空前大瘟疫，老百姓死伤无数，灾情十分惨重。当时文殊菩萨的前身“曼殊室利佛”正好经过喜马拉雅山上空，亲眼目睹百姓遭受瘟疫荼毒的惨况，心中顿时无限悲悯，便撒下“天华”救渡遍地灾黎。撒下的“天华”坠落田间、原野或山区，凡是捡到“天华”的灾民，疫病就渐渐好转乃至痊愈。当时撒下的“天华”正是现在所说的天珠。天珠所到之处瘟疫全无，能为人转厄运为吉祥，并有保护之功用 。其实，在佛教传入西藏之前，藏族就已经有天珠了。据说天珠是藏族原始宗教苯教的除魔法器，苯教的法师修行到了一定境界就会有天珠掉落。而藏族的先民则认为，天珠是天神的装饰物，因有了瑕疵不再为天神所爱，便遭天神遗弃，由天界落入凡间。正因为它是神的饰物，所以能驱邪避魔、消灾解厄。而在广大藏民中间，还广泛流传着天珠是

蒙古族
银镶珊瑚配饰

由红珊瑚、白贝壳和
蜜蜡制成的藏族头饰

一种活“虫”的观念，如果发现了那种“虫”，就要马上抓起地上的沙子往它的身上洒，它将会固化成天珠 。关于天珠的传说还有很多很多，总之，天珠在藏民的心中是神圣的、活的、有灵性的宝物，能够供养西藏老天珠就是拥有了福报，并相信拥有它将会获得意想不到的吉祥与圆满。

除了佩戴这些可以辟邪的饰物，藏民还在衣服上绣上 “卍” 纹和“ 十”字纹样，以求平安幸福。藏族男女服装的领口、襟边、靴面和各种佩饰都常见到这两种图案，它们与藏族历史、宗教信仰有着深刻的关联。“卍”藏语称“雍仲”，原是古代的一种符号 、咒符，被认为是火和太阳的象征，梵文中意为胸部的吉祥标志，是释迦牟尼三十二相之一 。在藏族文化中，“卍”还是苯教的教徽，具有巫术性质。 在服饰中，“卍”象征坚固、永恒不变、驱邪纳福和吉祥如意。“十”字符在佛教的教义中是完满俱足的意思。“十” 字符被用于各类装饰，求佛祖的保佑、驱邪与审美习惯兼而有之。除了这两种图案，还有莲花、宝瓶、金轮等纹样，也由于佛教的原因，而成为藏族人民喜爱的吉祥纹样。

除了藏族，受藏传佛教影响的蒙古族也有着和藏民一样的喜好。他们也喜欢用玛瑙、红珊瑚、绿松石等宝石装饰自己，也喜欢在衣服上绣饰“卍”和“十”纹样。特别是鄂尔多斯地区的蒙古族已婚妇女，她们的头饰上缀满了密密麻麻的红珊瑚、玛瑙、绿松石、金银饰品，显得雍容华贵。

保平安的勾尖绣花鞋

生活在云南的彝族和白族妇女，喜欢穿一种鞋尖上翘、鞋跟有半片布提手的勾尖绣花鞋。姑娘出嫁时，家里的姐妹也会给她缝制一双漂亮的勾尖绣花鞋让她穿到婆家。据说，穿上了这种鞋，就可以保她一生平安幸福。勾尖绣花鞋的这一功能，来自一个美丽的传说。

相传很早以前，在彝族人居住的依底寨，有一个勤劳、美丽的基妞姑娘，和格么寨的小伙子格沙相爱并成亲。婚后，基妞姑娘回到娘家。按照规定，在家住满一个月后，基妞换上漂亮的衣裳，穿上美丽的勾尖绣花鞋，从娘家往婆家走去。基妞翻过一座又一座山梁，跨过了一条又一条青沟，当她走到一座遮天蔽日的老林时，突然被一条蜷缩在路边的大蟒蛇吞进去了。新郎格沙想到今天是新娘回来的日子，

民国时期白族
勾尖绣花女鞋

早早赶到寨边等候。从早晨等到晚上，还不见基妞归来。于是，他回家约上几个伙伴，背上长刀，打着长长的火把顺路寻找。当他们走到老林边时，看见一条巨蟒横在路上。仔细一看，蟒蛇嘴角处还露着一双绣花鞋。人们断定新娘一定是被蟒蛇吞进去了。勇敢的格沙和伙伴们拔出长刀杀死了蟒蛇，用长刀剖开蛇腹，救出了新娘。新娘慢慢苏醒过来了，并且无一处受伤。回到寨子里，乡亲们都说：蟒蛇吞不进勾尖绣花鞋，是绣花鞋救了基妞的命。从此以后，为祝福新娘一路平安、祝贺新郎新娘幸福，每逢出嫁时，家人和伙伴都要给新娘绣制一双漂亮的勾尖绣花鞋，穿着到婆家去。

驱魔的“鸡冠帽”

分布于云南省昆明市官渡区、红河哈尼族彝族自治州、楚雄彝族自治州等地的撒梅人是彝族的一个分支。他们最具特色的服饰就是姑娘们的“鸡冠帽”。制作“鸡冠帽”，首先要用硬布剪成鸡冠形状，然后在硬布的表面绣上颜色各异的花卉，再用1 200多颗大小银泡镶绣其中，戴在头上像一只“喔喔”啼鸣的雄鸡。撒梅族姑娘把“鸡冠帽”戴在头上，表示雄鸡永远伴着姑娘，姑娘会吉祥、幸福。撒梅姑娘为什么希望有雄鸡伴随呢？原来，她们认为雄鸡可以驱魔，给她们带来幸福。这还得从一个故事说起。

彝族绣花鸡冠帽

清代彝族
鸡冠银泡帽

传说很久以前，有一对相爱的彝族青年，姑娘美丽善良，小伙勤劳勇敢，他们白天一起上山牧羊，晚上一起和伙伴们对歌跳舞，生活十分幸福。他们美满的爱情引起了森林中的魔王的妒忌，魔王发誓要将他们拆散。于是，在一个月夜，趁他们来到森林中约会时，魔王下手了。为了保护姑娘，小伙子勇敢地与魔王搏斗，不幸惨遭杀害。姑娘在明亮的星星和月亮的指引下，逃到了一个山寨，魔王一直紧追不放。正在紧急的时刻，山寨中的雄鸡突然鸣叫，雄鸡的叫声吓跑了魔王，姑娘得以获救。聪明的姑娘悟出了魔王惧怕雄鸡叫声的秘密，于是她抱起一只雄鸡跑回森林，在雄鸡的叫声中，小伙子居然复活了。从此，魔王不敢再来招惹他们。不久姑娘与小伙结为了夫妻，过上了幸福的生活。于是雄鸡驱魔的传说在撒梅人中流传开来，姑娘们都把象征吉祥幸福的“鸡冠帽”戴在头上，希望雄鸡永远保护自己，镶在帽上的银泡代表着星星和月亮，表示前途光明。“鸡冠帽”寄托着撒梅姑娘对幸福的向往，撒梅姑娘戴上它也显得格外娇艳动人。

救命的木梳

贵州三都县的水族妇女总是把长长的发辫盘于头顶，在右侧插上一把长长的梳子，然后包上一块白白的头帕，梳子的一端露在帕外，彩色的梳子和洁白的头帕交

苗族银梳

相辉映，别是一番风味。这把长梳不仅漂亮又能帮助固定头发，据说还是她们的救命之物。

传说很久以前的某一天，几个水族妇女背着孩子上山去干活。走着走着，眼看快到半山腰，忽然听到一阵号叫，原来有一群豺狗蹲守在岔口上，绿幽幽的眼睛射出逼人的光，直盯着她们几个，一动也不动。这几个妇女一看，吓得没有主意了。慌乱中，竟不约而同地把手伸进荷包里，掏出木梳子，一齐向豺狗甩过去。木梳在空中发出一阵啸声，豺狗以为碰上了了不得的武器，纷纷夹着尾巴逃跑了，她们因此逃过了一劫。来到山坡上，她们把孩子放在路边玩耍，取下竹篓放在一旁，并把刚才用来吓跑了豺狗的木梳顺手丢在地上，准备干完活后来这里休息。正当她们越干越起劲，离孩子们也越来越远。突然，传来了孩子们惊恐的哭声。她们寻声望去，发现一条足有1米多长的大蜈蚣正从山上往下窜，直奔孩子们。她们慌忙向孩子奔去，但已经来不及了。眼看大蜈蚣就快要爬到孩子们跟前了，突然，奇迹出现了，只见那百脚毒虫掉头就钻进了路边的杂树丛中，几个妇女也都松了口气。这条蜈蚣怎么会自己乖乖地离去呢?她们走进一看，原来孩子们周围躺了一堆黑糊糊的木梳，大蜈蚣看到每只木梳都有一大排比自己更长的脚，以为碰到了比自己更大的蜈蚣，于是赶紧逃掉了!木梳又一次救了孩子们的命。当几个妇女明白过来后，她们就格外珍视这木梳了。从此以后，水族妇女们就干脆把木梳插在头上，以保平安。

侗族宽臂镯

护身的手镯

生活在云南西盟的佤族妇女，手臂上总爱戴一副很显眼的手镯。这种手镯宽约五厘米，多用白银制成，上面还刻有精致的图案花纹，戴在手上闪闪发光，是佤族妇女喜爱的装饰品。据说佤族妇女喜爱这种宽手镯，是因为这种手镯能够保护她们不受野兽的侵犯。相传，从前阿佤山的原始森林里常有野熊出没，野熊有个特性，抓住人死不放手。一天，一个美貌的佤族姑娘上山采集，碰上了野熊，躲避不及，聪明的姑娘赶忙从竹篮里拿出饮水的竹筒，套在手上，大胆沉着地迎上去，让野熊握住。野熊自以为猎物到手，竟飘飘然起来，姑娘乘机悄悄从竹筒抽出手来，化险为夷。从此，姑娘们外出将竹筒套在手腕上，以防不测，久而久之，竹筒就逐渐演变成现在的宽手镯了。

无独有偶，水族妇女也喜欢戴一副宽宽的银手镯，据说也是用来防不测的。传说在水族寨子旁边的森林里，有个凶恶狡猾的尼变(水族的老变婆)，经常变成牙(即外婆)出来害人。一天，有两个水族姑娘(一对姊妹)到树林里拣菌子，走到半路，迎面走来一个看上去很慈爱的牙，只见她对两个姑娘说道：“阿妹仔，我是你家阿

戴宽手镯
的佤族少女

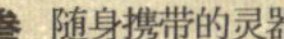

牙，来看你们乖不乖。走了半天山路，现在我走不动了，快过来扶我一把。” 姊妹俩以前谁也没见过阿牙，一听阿牙是来看她们的，都争着上前扶持，姐姐抢先了一步，谁知阿牙一把抓住她的手腕，顿时脸色一变，还原成尼变的原形，紧紧捏住姐姐的双手，嘴里打着吓人的哈哈，狂笑着死去。姐姐用力想把双手从尼变的魔爪中挣脱出来，可是怎么也扯不开。为了保护妹妹，她赶紧催促妹妹快逃走。姐姐被尼变害死以后，妹妹好不伤心，一心要为姐姐报仇。她到处求师学艺，可是就是找不到能斗得过尼变的人。一天，她打点行装，再次出发，在一个水寨前，看到一个讨饭老人坐在榕树下。妹妹很可怜这个衣衫破烂的老人，就顺手从身上取下包袱，把一盒饭全部送给老人吃了。老人很感激，吃过饭后，走到妹妹面前，将平时要饭装酒的两个竹筒递给她，并告诉她说：“小阿妹，你把自己的饭全部给我吃了，你的心真好。我没有什么东西拿来感谢你，只有这对竹筒送给你。你把竹筒戴在手上，如果遇上尼变抓住你的手腕，就别怕。等它笑死过去，你就从竹筒中抽出手来，用针朝它胸前白毛处用力一刺，它就真死了。”说完，老人眨眼间就化作一阵轻风，飘然而去。妹妹暗暗记住老人的话，双手戴着竹筒，又去树林里拣菌子。按照老人的吩咐，杀死了尼变，为姐姐报了仇。为了防身，妹妹继续戴着竹筒。日子久了，妹妹又嫌竹筒妨碍做活路，于是就想出了一个两全其美的办法：请来一个银匠，帮她照着竹筒的模样打了一对银圈圈戴上。这样，其他尼变见了闪闪发亮的银圈，吓得远远地躲起来，再也不敢出来伤害小妹妹。而且戴上银圈圈，小妹妹显得更俏丽。于是，一传十，十传百，寨里传到寨外，姑娘们就都学着小妹妹打一对银圈圈戴在手上，祛魔邀福。从此，这一传统习惯一直流传下来。

侗族绣花童帽

避蛇的花纹

水族妇女心灵手巧，她们总是喜欢在衣服的袖口、裤腿和裙摆上，绣上红红绿绿的花边，穿起来十分美观。这些美丽的花边，不仅表现了她们爱美、向往美好事物的心情，更重要的，还是她们用来防身自卫的武器。

据说水族人民居住的地方，山高林密，杂草丛生，蟒蛇很多。人们干活时常常被蟒蛇咬伤。有个叫秀的姑娘聪明手巧，她绣的鸟兽花草十分逼真。秀姑娘见姐妹们被蛇咬伤，很着急。她试验着用各种方法避免蛇咬，试验了多次，效果都不怎么明显。一天，她穿着绣有花边的衣服下田干活，各种蟒蛇见了她都远远地逃跑了。后来她把鞋上也绣了花，几经试验，蟒蛇都不敢走近她的身边，远远地就逃遁了。她把试验的结果告诉了众姊妹，大家听了非常高兴，互相转告，一传十，十传百，很快传遍远近的山寨。从此，这一带的妇女们都在衣服上绣了花边，鞋上也绣上花，以防蛇咬。

除了这些特殊的灵物，各族人民还携带各种零碎的装饰，由于这些装饰有着特殊的含义，因此也具有驱邪求吉的功能。例如各族人民都很喜爱的银饰，因为银器可以查出饭菜里的毒物，很多人都喜欢随身携带，人们还赋予了它辟邪的功能。过去萨满教、道教的法师作法时，都会用铜镜来“照妖驱鬼”，因而，铜器在民众的心里也有了驱妖孽的作用。有的时候，人们把各种灵器混合在一起，搭配着戴在身上，在心理上就能得到更大的安慰。如侗族女童的猫头帽，一般青色和蓝色，形似猫头，无帽檐，只有两个铜猫耳翘起，帽耳里缝有羊毛，猫耳下贴

水族绣花男装
上衣下摆的花边

有银铜人像、玉石头像等装饰，有和尚头、老虎头、狮子头等各种各样的图案，帽子后面有铜铃、各种图案银钩，小孩戴帽走亲访友，一路上叮叮当当作响，还可以避邪。再如梁河地区阿昌族新婚妇女要系条花带子，阿昌语称为“独其萨莱”，手工抠织而成，上面有狗牙、长刀、骨、瓜子、谷穗、蚯蚓、鸡爪等多种与阿昌族日常生活密切的动植物花纹案。每个图案都有一定的含义，如狗牙能消灾避邪，是狗图腾崇拜的反映，长刀象征开辟新生活，瓜子象征子孙兴旺，谷穗表示五谷丰登。花带子做工精细，艳丽夺目，是新婚妇女必不可少的陪嫁物之一。新婚之日，它作为新娘的特殊标志系于腰间，婚礼后，便由新娘珍藏，待女主人去世后，作为“灵带”（灵魂象征物），接回娘家，祭满七日人再归还，由后代妥善保存。

肆 人生角色的标志

戴“克依米塞克”和“兹拉乌斯”的哈萨克族老年妇女
图片联盟提供

民族服饰记录着自己特有的文化内涵，表明衣者特有的社会角色和所享有的权利和义务。因其充当角色的不同，而产生了各自具有特色的风格，即使是同一地区同一寨子的民族，也因其一生中不同角色的变化而变化着服饰。

装扮区别年龄

我国传统的人生礼仪，把换装当做一种重要的人生阶段。在这些礼仪中，最重要的是诞生礼、成年礼、婚礼和丧礼。四次重大礼仪进行四次换装仪式，每次换装都以不同的方式，标志了个人与社会相融合的含义。诞生礼主要包括报喜、贺喜、洗三、宴请等，其中洗三和宴请最为隆重。一般婴儿出生后第三天要给婴儿洗澡，以除去婴儿从前世带来的污垢，俗称洗三。洗三的时候，一般要在温水里加上

捣练图

桃树根、李树根、艾叶、葱、姜等具有一定辟邪意义的物品，在洗之前还要先敬祖先，以求祖先神灵的庇护。前来祝贺的亲友则要给孩子送上一些衣物。婴儿洗完澡后，就要由家长给他们穿上新衣服，戴上辟邪的饰物，以示孩子正式来到了人间。成年礼标志着个人经过家族和社会的认可，步入成年阶段。传统汉族男子的成年礼叫“加冠”，也称冠礼。冠礼分为三个步骤，首先有加缁布冠，其次加皮弁，最后加爵弁。经过加冠之后，同辈们会赠送他字号，以后友人之间以字号互称，以示亲密。女子的成年礼叫“加笄”，也称笄礼。古代女子到了15岁，就要举行笄礼仪式。举行笄礼的女子要将头发盘成发髻，插上发簪，然后要拜祖先、父母，还要由父母教导侍奉舅姑尊长之礼。举行笄礼之后，就表示该女子已经成熟，可以嫁娶。婚礼的主要功能是建立夫妻关系，繁衍后代，延续家族。我国婚礼喜用红色，红色是血的颜色，代表性能力和血亲生命的世代传递。婚礼上新娘一律着红装，新房内外几乎全部用红色装饰渲染喜庆。丧礼是一个人一生中最后的一个仪式，代表着他即将离开人世，回归祖先的怀抱。由于丧礼是面向祖灵的，因此，这次的换装与前面几次大有不同，所换的服装与生者的世界关系并不紧密，而以民族传统服装为主，以便于得到祖灵的接纳。

到了近代，成年礼逐渐和婚礼融合，汉族男女（特别是女子）婚前和婚后的打扮有着明显的区别。一般来说，未婚的姑娘梳一条或两条大辫子，婚后则用发簪将头发在脑后绾成髻。不仅是汉族，其他民族也都有换装的习俗。处于不同年龄阶段的人，在服装的款式、颜色和装饰品上有着明显的差异，我们仅从穿戴上，就能大致判断出他们所处的年龄阶段和婚姻状况。

一、发型头饰分年龄

瑶族女子的年龄，基本上标在了她们的头饰上。瑶族女孩戴小花帽，十五六岁开始摘帽戴包头帕，并要在农闲季节举行包头帕仪式。包帕时由年龄大并已包帕的大姑娘为小姑娘包。在瑶族的观念中，姑娘一旦包帕，便意味着可以寻偶和进行自由社交，所以包头帕仪式赋有成年礼的意义。

包头帕的
瑶族女子
图片联盟提供

广西龙胜县盘瑶妇女多戴三角形的帽子。这种三角帽是先用竹篾和麻藤编成帽形，然后蒙上布，精细地捆扎绣制而成的。不同年龄的妇女，要戴不同颜色的帽子。老年妇女戴青色的三角帽，寓意四季常青、长命百岁；中年妇女戴蓝色的三角帽，寓意风调雨顺、兴旺发达；年轻姑娘则戴花布蒙成的三角帽，寓意山花烂漫、前途似锦。帽上可以随心所欲地绣织各种花纹图案，诸如花鸟鱼虫、山川树木、狮龙麒象、锦鸡凤凰等，但唯独不能绣虎豹，因为传说三角帽本来就是用以驱逐虎豹的。

湖南宁远一带顶板瑶，因成年妇女的头饰“顶板”而得名。顶板是一种很别致的发饰，做法是先用笋壳剪成直径为十六七厘米的圆板，然后在上面绷上一层白布，就可以佩戴了。顶板瑶少女梳梳钗于头顶，以绣花巾缠头。到了十六七岁，就要举行成年礼——“顶板”。举行顶板礼的姑娘，首先要把眉毛拔光，然后用蜂蜡涂发，把头发卷成“椎髻”，用花头巾包裹成梯角形，再将白板固定在头发之上。姑娘顶板就标志着她已经成人，可以婚恋了。妇女婚后则要将顶板取下，只用花头巾盖头。

发式和帽尖是基诺族未婚女子和已婚妇女的主要区别。未婚女子头发散披在肩上，或梳髻于脑后右方，帽子尖顶。已婚妇女将长发打结，并用竹编发卡“俄搓”卡住，帽子前倾，帽尖呈尖平顶，一眼看去，好似一朵盛开着的勾头鸡冠花。所以女子未婚的标志主要看其戴的帽子是否尖顶，头发是否散披在肩来识别。

信奉伊斯兰教的回族、撒拉族、维吾尔族、哈萨克族等民族，妇女都有戴盖头

包紫色头巾的回族姑娘

的习俗，而从盖头的颜色和花纹上，我们就可以分辨出她们的大致年龄和婚姻状况。

回族的盖头主要采用丝绸、纱、绒等面料做成，帽形呈筒状，用的时候从头上套下，把脖子、头发、首饰都遮盖住，在颌下扣扣，前面稍短，遮住前额，后面略长，垂于后背。有的盖头只把两眼露在外面，有的露眼、鼻、嘴。一般9岁以前的回族女孩不戴盖头，但9岁以后就必须戴盖头。回族妇女的盖头主要分为黑、绿、白三种颜色，根据不同的年龄，戴不同颜色的盖头。未婚的少女和新婚的少妇戴绣花的、有镶边的绿色盖头，生育后的妇女戴黑色盖头，年过半百的妇女或有了孙子的妇女则戴白色盖头。

青海的撒拉族妇女也戴盖头，和回族一样，撒拉族的盖头主要有绿、黑、白三种颜色，绿色是少女的颜色，25～50岁的妇女戴黑色盖头，而50岁以上或者亡夫的妇女则戴白色盖头。撒拉族妇女在戴盖头的时候，可以先在头上戴上帽子以及其他头饰。撒拉少女喜欢梳上辫子，在头上戴上绢花，再戴盖头，鲜艳的花朵从嫩绿的盖头伸出，十分俏丽。撒拉族的青年妇女还有一种特别的

维吾尔族珍珠花帽

包黄头巾的维吾尔族妇女　图片联盟提供

头面，用全银制成，额前有4~6支仙鹤银饰，鹤下有垂于鼻梁的眼穗，再配上鲜花和盖头，别有一番异域风情。

维吾尔族也信奉伊斯兰教，过去也有戴盖头、蒙面纱的习俗，但她们的盖头逐渐被花帽和头巾替代了。维吾尔族少女长梳十几条小辫，戴上一顶漂亮的绣花小帽，配上一身华丽的艾迪莱丝绸裙，艳丽异常。婚后则梳两条或四条（南疆妇女）发辫，有的也将发辫盘成发髻，外出的时候要包头巾，头巾将整个头发包住，在颌下系紧，只露出面部，头巾的下端搭在颈项上，有的还绣有花纹，极具装饰性。老年妇女一般选用黑色的头巾，上面还镶有五彩的亮片，而年纪轻的妇女则选用嫩黄、粉红或大红的头巾。

哈萨克族姑娘和老年妇女
图片联盟提供

哈萨克族的年轻少女不戴盖头，而是戴一种圆形平顶的绣花小帽，在帽顶插上几丛洁白的天鹅羽毛，十分飘逸。哈萨克族的新娘喜欢戴一种尖顶的白色高帽，上面用珠串和银线绣花，在帽顶再插上白色的天鹅羽毛，素雅异常，这种装扮她们要在婚后穿戴一年，一年后再换成日常生活装。结婚一年后的哈萨克族妇女，一般要包花头巾，头巾以白底红花为主，生育孩子以后，或者到了中年，则要将花头巾换成“克依米塞克”的白盖头。“克依米塞克”是一种白色绣红花的长盖头，类似套头衫一样，从头顶套下，盖住头部、颈部、肩部和腰部，只露出面庞。一般“克依米塞克”要和叫做“兹拉乌斯”的白色绣花头巾搭配使用，这种头巾是按照头部的大小事先缝制好的，仿佛一顶拖着长布片的小圆帽，盖住额头和头顶。老年妇女则

戴纯白的盖头，显得庄重朴实。

西双版纳的哈尼族爱尼妇女，把她们的婚恋信息明确地传达于头饰之上。未成年的爱尼女孩都戴小圆帽，年满17岁的时候，就要摘掉小圆帽，改戴缀有银牌的“欧丘丘”头饰，表明她已成年，小伙子可以向她求爱了。其中以尖头爱尼的“欧丘丘”最有特色，其帽顶如花篮，由竹篾做成支架套在包头上，再缀以银泡、银币、红色的羽毛、绒球，垂吊多串料珠、草珠。姑娘还会将向她求爱的小伙赠送的骨簪和成串的绿色硬壳虫插在头上，插得越多，说明追求者越多。姑娘年满18岁就开始留鬓角，表明她可以出嫁了。如果她在“欧丘丘”上包了黑布，则说明她已心有所属，旁人不要再追求了。

戴银饰的苗族少女

生活在云贵高原的布依族，其妇女的头饰样式较多，而且婚前婚后的区别很大。未婚的姑娘，一般会梳一条长长的辫子，辫梢用红或绿色的丝线捆扎。这条辫子最长的能达到臀部以下，最短的也要齐腰；有的姑娘将发辫在头上挽上几圈盘起来，再用一块白色、蓝色、青色或花色头帕盖上。而布依族的已婚妇女，凡是坐家生育孩子的，都不能再梳辫子，要用银簪或玉簪或牛角簪将头发绾成髻。这种发髻像一个糯米糍粑大小，绾在后脑勺上，然后再罩上一个用马尾织成的发网。因此，梳辫子和绾发髻就成为布依族妇女是否结婚的主要标志。

布依族姑娘还有一种独特的“梳高头”头饰，就是将头发绾成一个拱桥形的发髻，披在脑后，拱桥髻内衬有一块用绣有鱼鸟纹的花帕包裹着的拱形椰树皮。再在发髻上从头顶往下插上一支长约50厘米的发簪。结婚生育子女后，则不插发簪，改为在桥形发髻的末端戴上一个银碗，银碗约重一两，碗底打上一个光芒四射的太阳，太阳的中心镶着两个小扣子，扣子上各吊一条小鱼。老年妇女则不戴银碗，只将头发绾成拱桥形。

布依族妇女婚后一两年之内还要戴“假壳”。“假壳”的布依语叫“更考”，是一种形似撮箕的女帽，用笋壳作衬，外缠青布，前圆后矩，翘于脑后数寸，戴的时候在上面要加上一块花帕。花帕用海蓝色和藏青色布拼接成波浪形，两端和

正中用各色丝线绣出花纹，一段绣牛、羊、鱼、龙纹样，布依语叫“万私”，象征着“万贯金银”；另一段绣太阳、海水纹样，布依语叫“答令”，象征着“光明幸福”。在布依族的传统婚俗中，女子婚后并不马上与丈夫同居，而是要回娘家长坐，时间越长越光彩，如果男方需要新娘来家常住，就要履行“戴假壳”仪式。戴假壳时，由男方选择吉日，请两位中年妇女，携带一只鸡和“假壳”，悄悄溜进姑娘家，趁其不备，一把搂住女方，强制松开发辫，梳上一把，将“假壳”戴在姑娘的头上。如果戴上了“假壳”并解开了发辫，姑娘则要服服帖帖地去夫家，如果没有解开发辫，则要改日重新戴“假壳”。布依妇女戴上了“假壳”，就标志着她结束了无忧无虑的少女生活，开始步入当妻子做妈妈的漫长岁月。

二、特殊佩饰分婚否

苗族银饰不仅极具装饰性，而且还具有体现人生各阶段不同礼仪的功能。苗族服装历来有识别年龄的功能，幼年、青年、未婚、已婚、老年等人生的各个阶段，都能从服装上一眼看出差别来。苗族银饰同样有这种功能。一般来说，银饰主要是未婚女性佩戴的。苗族姑娘的盛装银饰表示着她们具有谈情说爱的权利。有些银饰还是未婚姑娘的专用品，例如施洞苗族的银冠、银衣，黄平苗族的银围腰链，艇平苗族的银羽发簪，雷山苗族的银角、银雀发簪等，这些银饰在姑娘出嫁的时候，都要摘下来。剑河苗族姑娘在举行成年礼时，母亲会亲手给她戴上一种锁式耳环，到她出嫁的时候，母亲又会亲手给她摘下，换上蝶式耳环。一般来说，苗族的已婚妇女所戴的银饰种类有限，一般只保留耳环、手镯、发簪等少数几种银饰。但在有些地方，有些银饰只能由已婚妇女佩戴，未婚者不能佩戴。比如雷山桃江已婚妇女头上的一把宽大的银花梳，都匀坝固妇女的银链簪，丹寨妇女的蝶簪等。苗族男性也爱银饰，和女性一样，也是婚前多，婚后减少。比如黎平苗族男子，未婚时戴3只项圈，婚后只戴1只。20世纪80年代以后，佩戴的项圈数增加了。未婚为5只以上，婚后为3只。

苗族银项圈

苗族银梳

云南红河地区哈尼族支系罗美妇女则以她们独特的尾饰来标显自己的婚恋状况。罗美姑娘长到10岁左右，腰间系有两头绣着五彩花纹的箭头形蓝布腰带。到17～18岁时，在腰带头上再加长约30厘米以数十股蓝色细布条制成的一种叫“披甲”的腰带，以示成人，可以接受男青年求爱。罗美姑娘戴上披甲，走起路来披甲随腰身摆动，别具风韵。在婚育以后，她们就要在披甲外面再系上一条黑色的小围腰，围腰的带头由黑、红、白三种颜色的丝穗组成，系在背后垂于臀部，以示区别。

手执哈达腰围“帮典”的藏族女子

“帮典”是用五彩丝线或毛线手工织成的色彩亮丽的横条围裙，千百年来一直被藏族妇女系在腰间，几乎成了藏族服饰的一种标志。“帮典”生产一般先手工纺纱，然后染色、刷毛、织成条状，再缝合成围裙。“帮典”的品种很多，最好的藏语叫

朝鲜族
成年女子长裙

“斜玛”，用14～20种染色毛纱，精工织成；其次的一种叫做“布如”，是比较普通的围裙了。色彩艳丽的“帮典”围在腰间，既实用，又极具装饰性，但这种“帮典”是已婚妇女的专利品，未婚的少女是不佩戴的。藏区各地的“帮典”又略有不同，区别主要是在色彩的组合和色条的宽窄上。就年龄而言，中青年妇女的“帮典”色彩艳丽，而老年妇女的则古朴典雅。

基诺族的成年男子，衣背中央均缝缀着一块彩色圆形图案，图案由中心往外展开，呈放射状彩线条，有的好似太阳，光芒四射；有的线条平缓，像月亮一样柔和。这就是基诺族男子成年的标志——日月花饰。基诺族男子只有经过成年礼仪式才可以配缀日月花饰。凡年满十五六岁的男孩，在劳动或出门办事时，就会受到一次事先埋伏好的青年们的突袭劫持，然后将他“绑架”到举行祭祖仪式的会场，在庄严隆重的仪式中接受村寨长老的祝福，并要得到父母赠送的全套农具及成年衣饰。只有经过成年礼，穿上缀有日月花饰的衣服，他才算取得正式村寨成员的资格，开始具有基诺村寨成员的权利和义务，因此，日月花饰又具有村寨族徽的功能。同时也只有穿上这种衣饰，青年人才有谈情说爱的权利，才能参加男女青年的组织和活动。

三、款式分长幼

朝鲜族妇女的传统服饰为短衣长裙式的连衣裙，上衣短至胸乳，斜襟无扣，在领下右侧用两根飘带系成蝴蝶结，既系紧了领口，又极具装饰性。朝鲜族未婚少女和已婚妇女在发式和裙长上有着明显的差异。朝鲜族女童一般留前齐眉后齐耳的短发，后颈的头发剃去，穿色彩艳丽的彩虹装，显得活泼可爱。未婚少女则梳一条长

成年的摩梭小伙

朝鲜族小女孩的短裙

长的独辫子，在辫梢系上彩色的蝴蝶结，穿一条过膝的浅色连衣裙。已婚妇女则将长发在脑后绾成发髻，横插一支长长的发簪，所穿裙子长及脚踝。老年妇女则喜欢用白色的头巾包头，她们的连身长裙的上衣比年轻妇女的稍长一些，但也长不过腰。

我国西南许多少数民族，孩子到了十二三岁的时候，一般要举行标志成年的换装仪式，女孩子的叫“穿裙子礼”，男孩子的叫“穿裤子礼”。孩子们举行了换装仪式之后，就标志着已经成年，可以进行社交活动了。

漂亮的摩梭姑娘

普米族儿童在进入13周岁，要举行隆重的成年礼仪式。成年礼一般在大年初一举行。这天早晨，天一亮，父母便将要举行成年礼的孩子叫起床。举行成年礼的时候，父母要用泉水给孩子全身清洗干净，再用香烟熏，以除邪。然后，男孩子由父亲带到粮仓里，站在“猪膘肉”或者粮堆上，先戴上狐狸帽，然后穿上衣服和裤子，再穿上熊皮长鞋，最后佩戴上弓箭等各种饰物。男孩在粮仓里穿裤子，表示勤劳、五谷丰收和财源不

断。女孩则要由母亲领到畜厩里，站在饲养牛马的食槽里，依次穿上百褶裙、金边衣，缠上头帕，栓上腰带，佩戴好配饰。女孩在畜厩里穿裙子，表示姑娘长大后聪明贤惠、爱护牲畜、有吃有穿、幸福安康。孩子们穿好裤、裙后，回到屋里，要分别向锅庄菩萨和火塘两边的长辈磕头献礼。然后，给长辈敬酒、敬茶，聆听长辈的教诲。父母还要当着全家人的面，对孩子进行家规族规、为人处世的教育，并将亲友赠送的礼品交给孩子。

纳西族支系摩梭人也会在大年初一给十二三岁的孩子们举行成年礼，他们的成年礼也叫“穿裙子礼”和“穿裤子礼”。摩梭孩子的成年礼在家庭院落的中心位置——“一梅”举行，要请“达巴”念经，亲朋好友则要前来祝贺。换装的时候，少男少女先洗浴净身，然后穿上摩梭儿童的统一服装——长衫，脚踩猪膘肉和装着粮食的口袋，右手拿着镯子、珠串、耳环等饰物，左手捧着麻纱、麻布（或尖刀），由合属相的同性长辈给他们换上全新的成人服装。男孩是换上金边大襟短上衣和宽脚长裤，腰系腰带，头戴礼帽，脚穿长靴；女孩子则要将头发盘起，戴上珠串，穿金边大襟短上衣和百褶裙，腰系红带或彩带。

另外，彝族的女子到了15～17岁，也要举行换裙仪式，主要是将简洁的童裙换成艳丽繁复的成人裙子，将简单的独辫梳成双辫并戴上头帕。换裙之后的女孩就可以谈恋爱找情人了。

56个民族，56朵花，每个民族又分为多个支系。其实，不论是什么地方，根据年龄和婚姻状况的不同，人们的装束（特别是女性的装束）多少都会发生变化。总体而言，大致是：未成年女孩简洁、活泼；成年未婚姑娘艳丽、多彩；已婚少妇素朴典雅；老年妇女端庄稳重。这是因为，不同的生理年龄对应着不同的社会年龄，而处于不同社会年龄的人们承担着不同的社会事务，因而在着装上有了不同的表现。例如成年未婚的姑娘处于求偶阶段，为了吸引异性的注意，她们就会把自己打扮得流光溢彩，而已婚的妇女已为人妻为人母，不需要再去吸引其他异性的目光，自然就会朴素得多。当然，这些装扮的异同在现今社会已经被打破了，不论是发式还是服装的款式和色彩，年龄的差异几乎完全消失了。现在的年轻姑娘也可以绾髻穿色彩庄重的服装，而老年妇女则流行烫发、穿色彩艳丽的服装，仅从人们的装饰打扮，已经很难判断他们的年龄和婚姻状况了。

服饰区别身份

在过去，根据身份的不同，人们的穿着打扮也大相径庭，因此，服饰不仅可以辨年龄，还能别身份。一般来说，在古代中国，只从一个人所穿服饰的材质、款式、颜色和纹样方面，就能判断出一个人的社会地位。

一、质地明贵贱

与现代社会不同，在我国古代，身份不同的人，穿戴的服饰在材质上有着明显的区别，这不仅仅是由于他们的经济实力造成的，更是由当时的服装制度规定的，如果一个人穿戴了他这个等级的人不应该穿戴的质料，则会被认为是犯上之举，轻则受到斥责，重则受到刑罚。

在我国古代各朝的历史文献中，都有关于服装制度的记载，那里面都明确规定了各种等级身份的人可以穿戴的服装材料和可以佩戴的首饰质地甚至数量。例如《明史·舆服三》中有这样的记载："一品，冠七梁，不用笼巾貂蝉，革带与佩俱玉，绶用黄、绿、赤、紫织成云凤四色花锦，下结青丝网，玉绶环二。二品，六梁，革带，绶环犀，馀同一品。……六品、七品，二梁，革带银，佩药玉，绶用黄、绿、赤织成练鹊三色花锦，下结青丝网，银绶环二。……"这是官员的穿戴规定，而平民百姓则"首饰、钗、镯不许用金玉、珠翠，只用银"。一般在富裕人家，夫人小姐穿丝绸、锦缎等制成的服装，而丫鬟奴仆则只能穿粗布衣服。汉族有这样的尊卑区别，其他民族也不例外。比如藏族和蒙古族，本书在前面曾经提到他们喜爱佩戴珠宝首饰的习俗，事实上，在新中国成立前，那些首饰都是贵族才能够享用的，平民和农奴是没有这个权利的。

贵妃上马图

二、款式显身份

在古代，根据身份的不同，衣服的款式也是有区别的。有的区别主要是源于各自所从事的活动不同，例如服装的长短和衣袖、裤管的宽窄。一般来说，贵族、奴隶主、封建主由于不需参与体力劳动，不论男女都穿长衫，衣袖宽大，男戴帽子，女戴珠宝；而普通的劳动人民和佣人则一身短衫长裤，袖口和裤脚都比较窄小，以便于劳作。因此，李商隐在《杂纂》中说：“仆子著鞋袜，衣裳宽长，失仆子样。”而鲁迅笔下的孔乙己，即使境况窘迫，也始终不愿脱下他的长衫，则是因为他至死也不愿意放弃文人的身份。但是，历史上还出现过一些特别的服饰和佩饰，它们的目的就是为了显示主人的特殊身份，例如冠和霞帔。

纺车图

很多现代人都把冠和帽子当做同一事物，但其实，在古代，冠和帽子是两种不同的事物。冠实际上只是一个冠圈，用来罩住头顶的发髻，除了固定发髻之外，主要起装饰作用，而帽子要遮住整个头部，主要起遮阳挡风的作用。古代男子到了20岁就要举行成年礼，成年礼的最主要程序就是加冠仪式，所以也叫“冠礼”。但是戴冠只是一个仪式过程，在行了冠礼以后，并不是所有男子都可以戴冠的，根据《释名·释首饰》记载：“二十成人，士冠，庶人巾。”“士”指的是贵族，“庶人”指的是百姓，也就是说，只有有身份的贵族才能戴冠，而平民百姓只能用头巾裹头，这也是为什么古文中经常用“苍头”、“黔首”来称呼百姓的原因。古代的冠分为玄冠、缁布冠、冕、皮弁、爵弁等。据戴庞海博士的研究，玄冠上面应该缀有华美的宝石，必定是高级贵族才能佩戴。缁布冠是用黑布做成的，在周代，缁布冠由士所佩戴的。戴缁布冠，标志着已跻身于士阶层行列，有了“治人”的权利。冕的结构是在冠的上面加上一块长方形的版，覆盖在头发之上，在版的前后两个边缘上，再缀上一串串的小珠玉，称为“旒”， 旒的多寡标志着身份的尊卑，根据《礼记·礼器》的记载：天子之冕，十二旒；诸侯九旒，上大夫七旒，下大夫五旒，士三旒。但是到了后

历代帝王图

来，只有帝王才能戴佩有旒的冕了，于是“冕旒”就成了帝王的代称。皮弁是用皮制的，由几块拼接而成，缝制的形式类似于后代的瓜皮帽，皮块缝接处缀以许多闪闪发光的五彩玉石，称为綦（又写作璂）。在周代，皮弁是参加国君视朝之服。爵弁，又写作“雀弁”，是用红中带黑色的布制成的弁，是一种助君祭祀之服。在古代不仅男子戴冠，女子也戴冠，我们最熟悉的可能就是后宫里的凤冠了，朝廷命妇也有礼冠，但根据不同的级别，礼冠上的配饰有所区别。

关于霞帔，我们前面有所提及，它和凤冠一起，是宋朝正式被定为命妇的礼服的，普通妇女是不能佩戴的，因此，凤冠霞帔成了贵族妇女身份的标志。

三、服色分地位

古代服装的颜色与一个人的地位密切相关，颜色中最尊贵的是黄色，它被帝王所占有。《旧唐书·舆服志》说：“天子燕服亦名常服，惟以黄袍及衫，后渐用赤黄，遂禁士庶不得以赤黄为衣服杂饰。”因此，古代常用“黄袍加身”一词表示登上帝位的意思。而官吏的服色以“品”来定，虽然不同的朝代有不同的规定，但一般来说，三品以上的官员着紫衣，四品着深红色，五品浅红，六品深绿，七品浅绿，八品深青，九品浅青。我们现在常用的“大红大紫”就是从此而来。服装的色彩有严格的规定，上级可以使用下级的色彩，但下级不可逾越级别采用高于自己级别的色彩。而普通平民则不能穿彩色衣服，只能穿本色麻布衣裳，因此文言文中常用“白丁”、“皂隶”、“布衣”等词汇作为普通百姓的代表。。许多少数民族由于各自不同的历史渊源，也有各自崇尚的颜色。例如壮族崇尚黑色，彝族也以黑色为贵，黑色服饰过去是贵族的专利，而白族、朝鲜族和藏族则崇尚白色，藏族同胞迎接尊贵的客人，用献上白色哈达的方式表达敬意。

听琴图

四、纹饰别等级

上古时期，衣裳就有“十二章”之制，即十二种纹饰。十二种纹样各有特定的象征意义，如日、月、星，取其照临光明之意，如三光之耀，龙，象征王权、人君的威仪等。以不同数量的纹章（图案）来区别不同的等级。例如：天子上衣下裳绘绣十二章，公九章，侯七章，以下递减，群臣的职别以纹章符号来呈现，不同身份的人采用不同的纹样。而平民则只准穿布衣，不可有纹饰，更不准有“十二章”纹样。在古代，如果衣服上的纹样出现了错误，还会给自己带来杀身之祸。据说明朝德庆侯廖永忠，为朱元璋打江山立了很多功劳，只因其僭用龙凤花纹，因而被处以极刑。

万历皇帝画像

从明朝开始，官员的朝服上出现了专门标志官员级别的图像徽识——补子。明朝的补子是直接织在官袍的前胸后背上的，分为圆形和方形两种。根据《明史·舆服志》，明朝官员的补子分别为：文官一品用仙鹤，二品用锦鸡，三品用孔雀，四品用云雁，五品用白鹇，六品用鹭鸶，七品用鸂鶒，八品用黄鹂，九品用鹌鹑；武官一品、二品用狮子，三品、四品用虎豹，五品用熊罴，六品、七品用彪，八品用犀牛，九品用海马。清朝官服也采用补子制度，但这时的补子是在官袍的前胸后背加缀上的一块绣好的图案，而使用补子的形状也有了地位的区别，皇家贵戚用圆形补子，普通官吏则用方形补子。

男子官服有纹样的等级区别，而朝廷命妇的礼服，也因等级不同而采用不同的纹样。如《明会典》中所载明朝命妇所披霞帔的纹饰：一二品用翟纹，三四品用孔雀纹，五品用鸳鸯纹，六七品用练雀纹，八九品用缠枝花纹。

而在普通富庶人家里，主人的服装上都绣有精致的吉祥花纹，而丫鬟佣人则穿着朴素，一般不绣花纹或只用简朴的纹样。

当然，在现今这个人人平等、经济发达的社会，各民族人民在服饰的材质、款式上面有了很大的交融，质地、长短、颜色和纹饰再也不是区分身份贵贱的标志了，各民族各支系别具特色的服饰转而成为他们民族认同的标志。当然，有些工作由于特殊需要把，会采用特定的材质和款式来制作工作服，我们从这些特殊的工作服上能很容易辨别出穿者的工作种类，如警察、医生、护士、饭店的服务员等。

伍

穿在身上的历史

贵州雷山短裙苗女盛装上的蝴蝶纹样

中华民族服饰的历史，可以寻源至盘古开天地的神话时代；各民族自述的历史，甚至可以追溯到混沌未分的创世时代，追溯到人神合一的图腾始祖那儿。从石器时代遗址的出土器物看，我们的原始先民，喜好佩饰粗大的骨镯和鹿角。石陶制的纺轮，骨镂角磨的针锥，折射出他们服饰的古朴风。用文字记录的神话和历史，曾表述上古中国几大部族群体的服饰文化现象，如苗—盘系统族群喜“五色斑衣”，善用植物纤维及染料制作色彩丰富的衣服，氐羌系统族群多“衣皮服毡”，善用动物皮毛制“珍怪”。濮越系统族群的服饰与阳光、雨林和水相谐；炎黄系统族群则更重服饰的社会文化特质，“黄帝、舜垂衣裳而天下治”，建立了一套完整的“服制度”。后来，这些分布在不同地方的原始人群，逐渐分化融合，形成不同的族群。多少世纪以来，人们在这片美丽神奇的土地上来来去去，创造过许多“正史”所记不详的历史。这许多服色各异的人群里，隐匿着多少历史的谜。而谜底，往往就在那些口述的神话古歌或村姑野老裙边衣角的图纹之中。在这一令人赏心悦目的斑斓“文化”上，我们不仅可以看到美的丰富样式，而且可以读到民族服装服饰在适应自然生态和经济生活，记述神话或古史，反映民俗风情，规范社会角色，象征宗教信仰的独特方法。可以说，民族服装服饰是民族文化的一部形象的“百科全书”。

叙录迁徙的往事

我国一些居住在边远山区的少数民族，曾经有过辉煌的历史，曾经在土壤肥沃的中原大地上过着欢乐祥和的平静生活。然而，历史的年轮、族群的斗争，逼迫着他们一步一步远离自己可爱的故土，隐蔽到深远的山地。这历时多年的长途跋涉曾经给他们带来过多少痛苦？这一次又一次的背井离乡曾经让他们多少次悲伤绝望？被迫离开故土的人们，为了把美好的故乡永存脑海，为了记住曾经走过的路线方便回归故里，他们把故乡的山山水水绣在了衣服上，让后代的子孙不会忘却。

……

妮簸尼爷回头看，
美好的旨米利，
高大雄伟的劳哦劳古城，
一切的一切都失陷，
永远不再属于自己。
妮簸低头来叫地，
叫地地不应；
尼爷抬头来喊天，
喊天天不灵。
美丽富饶的旨米利啊，
雄伟的劳哦劳古城，
妮簸尼爷含恨丢下她。
妮簸尼爷心灵手又巧，
手巧手做啥？
手巧手来织，
织出五彩华背衫，
拿给妇女背孩子。
睹彩背在脊背上，
妮簸尼爷来观看。

五彩花背衫，

衫映旨米利，

美丽富饶的大平原，

一切都显在，

妮篾尼爷自安慰。

……

五彩花披肩，

花纹像旨米利。

四方七彩花劳绰，

花衣劳绰似城阁，

大街小巷都齐整。

……

蜡点花裙似坝田，

点米蓝蓝似水渠。

百褶像水荡漾埂上过，

育着妮篾尼爷满坝田，

贵州花苗上衣绣有代表城池、黄河、长江的纹样

……

妮簸尼爷来嘱咐，

织绣给子孙永穿戴，

穿在周身永不忘。

娘传女儿代代学，

代代学了代代传。

这是一首苗族古歌，采录于云南东北苗族地区，它描述了这一地区苗族服饰的样式和来历。花背衫上的方块图案象征美丽富饶的故居平原，花披肩上的四方条纹象征故居的城墙，裙子上的兼套花象征着故居的万顷良田，点套纹象征着纵横交错的灌渠，褶皱象征坝田里的水波。

而居住在贵州东部的苗族妇女，至今还流行着一种叫做“兰娟衣”的嫁衣。据说是由一位叫做兰娟的苗族女首领创制的。传说兰娟在带领一支苗族支系南迁时，为了记住南迁的历程，就用彩线记事的方法在衣服上刺绣符号。离开黄河时，她在自己的左衣袖口绣上一条黄线；渡过长江时，在右衣袖口绣上一条蓝线；过洞庭时，在胸口绣上一个湖状图案。就这样，每跨过一条河，翻过一座山，她都用彩线绣上一个符号。越往南，过的河、翻的山越多，她记的符号也就越多，密密麻麻地从衣领、袖口一直绣到裤脚口。最后，他们在武陵山区定居下来，这位苗族女首领按照她衣服上所记的符号，重新用各种彩线，精心地刺绣出各种美丽的图案，缝制成一套十分漂亮的服装，送给女儿做嫁妆。从此，苗家姑娘出嫁时，都要去请兰娟首领教绣嫁衣，并把此衣叫做“兰娟衣”。

苗族是一个苦难深重的民族，在先秦时代，他们生活在长江中游，后来经历了四次大规模的迁徙，才定居在了现在居住的地方。在长途的迁徙之中，苗族的各个支系选择了不同的道路，分别走向了现在的云南、贵州等地，兄弟虽然分开了，但祖先的嘱托没有忘记。他们都遵从祖制，将故乡的山水变换成固定样式的图案，绣在衣服上，以作纪念。因此，虽然现在苗族散居在我国不同的地方，但他们的服装却有着惊人的相似之处：线条代表曾经跨越的江河，三角形代表曾经翻过的山川，长方形代表曾经居住过的城池，白色代表天空，湖蓝色代表湖泊……就这样密密麻麻缝满了衣服。不要以为这些图案都是可以随心所欲，想怎么组合就怎么组合的。事实上，苗族的服装在制作时，绣到什么地方要用什么花纹、用什么颜色都是有严格规定的，因为它们代表着祖先迁徙的路途，不能随便更改。

哈尼族也有迁徙的历史，他们虽然没有在平时穿着的服装上记录祖先迁徙的历史，但是，当他们去世的时候，是一定要让魂魄回归故里的，而引领他们魂归故土的，则是女巫头上的“吴芭”头饰。

“吴芭”头饰的图形记录了从哈尼远古祖先到现在的全部历史，每一个图形都有具体的含义：蕨形纹象征着哈尼族居住的地方是有蕨类生长的温湿半山区；犬牙纹代表着哈尼族崇拜的动物——狗；左起第一个三角形代表哈尼族祖先在“石七”（今云南石屏县）分成若干支队伍南进哀牢山区，开辟草莱，征服其他小部落的过程；第二个三角形代表哈尼族在“石七”与“浦尼”民族大战的时期；第三个三角形代表哈尼族在“古哈密查”（今昆明地区）与“浦尼”民族大战的时期；第四个三角形代表哈尼族在“诺马阿美”（今四川雅砻江、安宁河流域）生活的时期；第五个三角形代表哈尼族在“惹罗普楚”（大渡河以北，四川盆地与川西高原交缘山区）生活的时期。

广西瑶寨居住着一个叫做白裤瑶的瑶族支系，他们的名称来自于这一支系男子所穿的白色裤子。这种白裤子十分特别，它的长度只到膝盖，在两边裤腿的膝盖部位，分别绣有5根1厘米多宽的红线条。而这种特别的白裤子，正是他们祖先一次悲壮迁徙的缩影。相传，瑶族的祖先原来生活在金城江一带。不知道是哪一年，一个木家土官到了这里，说这些土地是他家的，要瑶家人搬走。瑶王拒绝了他的无理要求。不久，木家土官搬来了许多人马来攻打瑶寨。瑶王召集所有人与他们誓死决战。但是，寡不敌众，他们只好离开家乡，向西面深山逃去，一直逃到了今天这个瑶寨所在的地方。由于过于疲惫，瑶王靠着山边睡着了。梦中，有一个老头来到他面前，对他说：“这里有山有水，是个好地方。”瑶王问：“好在哪里？”老头说：“有山就有野兽，可以打猎；有水就可以种庄稼。过不了几年，这里就会变成好家园。”瑶王一听，认为有道理，不觉将满是鲜血的双手在膝头用力一拍，大叫一声：“好！”醒来之后，瑶王看了看周围的环境，觉得果然不错，又加上有梦中仙人的指点，就决定在这里安营扎寨，居住了下来。但是，瑶王用力拍膝头时，手上的鲜血在裤子上留下了5条鲜红的血手印，而膝盖以下的裤腿在长途奔波中早已被荆棘撕掉了。

后来，人们就仿照瑶王当时的穿着，缝制了白色的裤子，用来纪念这一次悲壮的迁徙。

记叙重要历史事件

在每个民族的发展过程中，都会发生一些重大的事件，对民族的发展和存亡造成深远的影响，因此这些事件在人们的心里会留下了不可磨灭的印象。为了让后人也能牢牢记住这些重大的历史时刻，人们往往用特别的形式把它们融于服饰之中，代代相传。

苗族姑娘酷爱银饰。每当节日或喜庆的日子，她们总会穿好漂亮的绣花衣裙，将所有的银饰佩戴满身，从银花冠到银腰带，在阳光下熠熠闪光，走动时又叮咚作响，在空气中播撒着欢快的乐符。而在湘西一带苗族姑娘身上，大老远就可以看见一个硕大的、半圆形的饰品，仿佛一把巨大的锁，锁的下端还吊着许多银质的穗子，锁的上端两边用银链系住挂在脖子上。这个巨大的银锁叫做银压领，它制作精美，表面还雕刻着各种吉祥的图案，是苗族特有的银饰。可是，有谁能想到，这个精美的装饰品，却源自于当地苗族的一段悲惨经历。相传在清朝咸丰年间，苗族起义军失败后，在向东迁移的途中，不幸被官府截获押回，途中苗人被官兵打死打伤不少，为了记住这段历史，他们就仿照枷锁打成了压领，仿照铁链打成了项链，套在脖子上以作纪念。

贵州苗族银压领

蒙古族传统的冠盖是袱头，特别是妇女，无论春夏秋冬，都喜欢包袱头。袱头的包法是，将大约一米长的绸子或布，在头上由后至前缠几圈，最后把头巾两头垂下，左右各一，因此又称垂巾袱头。蒙古族包袱头的习俗，据说与成吉思汗有关。当年成吉思汗经过艰苦的征战，终于统一了蒙古各部落。为了彰显蒙古民族的勇猛，希冀民族强大之精神常在，成吉思汗下令，每一个蒙古人都要在头上罩一块头巾，以表示头颅上飘有旌旗之角。至今，内蒙古牧区的妇女仍然保留着这种做法，只是包法有了少许改变。

内蒙古牧区戴幞头的妇女
图片联盟提供

蒙古族的已婚妇女，总是用两个长长的、装饰精美的发套将辫子套起来，既美观又便捷。如果把发套解开，拿出发辫，你会发现，每一个发辫都系在一个长约10厘米的小木棍上面。据说这种奇特的发式，也源于成吉思汗时期。传说成吉思汗统一蒙古各部落之前，各部落之间征战不息，相互之间掠夺牲畜、财产和妇女。为了防止被俘的妇女逃走，他们就在妇女的两根辫子上拖一条椽作为枷锁，还在上面系上铃铛等能发出响声的金属物。后来，这些枷锁才逐渐演变成了现在的装饰物。原来，这小小的木棍，还记载了蒙古族妇女一段心酸的历史。

云南的蒙古族是元朝灭亡时没能回归草原，而流落到通海县杞麓湖畔的蒙古

士兵的后裔。他们的孩子戴着一种特别的帽子，这种帽子在正面的左右两边，分别镶着一个较大的铜圈，铜圈的中间用镂刻的方式雕出了一种建筑物的形象，而在帽子的正中间，则镶着一个刻着人形的金牌。据说帽子上的铜圈和金牌，记录了元朝末期他们的祖先在困境中找到生机从而改变生活方式的历史转折。话说元朝灭亡之时，他们的祖先受到残酷的追杀，最后只有7个人和7匹马逃到了杞麓湖边。正在追兵即将到达的危急时刻，一座桥从天而降，将他们引渡了过去，从而留住了性命。但是，没有食物，他们怎么生存呢？正在发愁的时候，湖面上漂来了一张犀牛皮，上面站着一个老倌。老倌带了两个族中的人乘犀牛皮到湖心里漂游。他们看见湖心漂着一个金光闪闪的大寺庙。老倌告诉他们："这不是真的寺庙，而是湖中的鱼哈气哈出来的，叫做鱼抬寺。这湖里有宝，看你们肯不肯捞。"小伙子回到岸上讲述了在湖中的见闻，族里聪明的人说："这不是告诉我们，'鱼抬食（寺），鱼抬食，找鱼就找着吃'么？"族人得到了点拨，就努力学会了捕鱼，终于在杞麓湖边生存了下来。为了纪念这一从征战游牧转向捕鱼农耕的重大历史转折，人们就在孩子的帽子上一边镶缀一个铜圈，铜圈上镶着鱼抬寺的图案，又在帽子的正中间钉上一个金属牌，金牌上面雕刻着那位指点族人到湖里找吃食的老倌像，以让子孙后代永远记在心里。

记录抵御外敌侵扰的战争

云南红河县哈尼族叶车姑娘的传统服饰十分特别，她们头戴白色三角形头帕（称为"帕常"），身穿敞襟上衣和紧包臀部的短裤，而这种特别的穿着，是对一次残酷战争的深刻记忆。据说古代者奕国王有10个儿子，年幼的叶车王子最聪明能干。经过一场进山狩猎比赛，国王决定把王位传给叶车王子。但是，老国王去世后，另外9个王子发动了兵变，率领9万大军分三路进攻王宫。叶车王子寡不敌众，杀开一条血路逃出了王宫。但是最后，他全军覆没，只剩下孤身一人。当他跑到阿波雷山上的一棵大青树下时，饥渴交加，再也跑不动了，他悲愤地向苍天哭诉。他的哭诉声感动了天神，天神降下三顶洁白的"帕常"，叶车王子戴上"帕常"藏进

云南红河
哈尼族叶车女装

洁白的花丛中，躲过了敌人的追击。这时，阿波雷山神的七公主现出人身出现在他面前，请求叶车王子收她为妻，叶车王子同意了。他们在阿波雷山上定居下来，先后生下了三男三女。在三个女儿长大出嫁的时候，七公主拿出三顶洁白的“帕常”和三条短裤，分给三个女儿，叮嘱她们：“这三顶洁白的‘帕常’，是你们阿爸逃难时，天神摩味赐给他救命的宝物，只有叶车的子孙才能享受。这三条短裤，是你们阿爸逃难时被刮破的裤子。凡是叶车的子孙后代，永远都不能忘记那苦难的岁月。”从此，这种服装就留在了叶车姑娘的身上，虽然现在平时不这样穿戴了，但是叶车女人去世之后，一定要穿着这种传统服装，否则祖灵就会不认她们。

壮族的黑色女衣裙

在广西西部右江流域的那坡、陇林、百色、靖西一带，生活着一个被称为“黑衣壮”的壮族支系。这一群壮族人衣着十分简朴，他们无论男女老少，皆清一色穿青黑二色的衣服。男子包黑头巾、着黑色前盖大襟上衣、穿黑色宽脚裤；女子包黑色火棱状头巾、着黑色右盖大襟、葫芦形圆领上衣，穿黑色宽脚裤，裤外套长到膝下的百褶黑裙。虽然一身素装打扮，但不论男女，都精神奕奕。“黑衣壮”

之所以喜欢穿黑色的衣服，是因为黑色曾经帮助他们突破重围，是他们的吉祥色。传说古时候，有一次外族入侵，“黑衣壮”族人虽然英勇抵抗，但由于势单力薄，节节败退，眼见就有灭族之灾了。那天晚上，他们的首领侬老发因疲惫过度而睡着了。突然，他梦见祖宗手拿一束蓝靛草对他说：“它能帮助你们。”侬老发立即惊醒，他咀嚼着祖宗在梦中对他说的话，很快想到了杀出重围的办法。他当即传令下去：全族人用蓝靛把衣服染成黑色！这天夜晚，全身黑衣的族人在黑夜的掩护下奇袭敌军，把敌人杀了个落花流水。胜利保卫家园的族人一致决定：世世代代都穿这带来吉祥的黑衣。

云南梁河地区阿昌族已婚妇女以其特有的高包头闻名。这种是一种高40~50厘米，上扁下圆的黑色包头，阿昌语称之为“屋摆”。包头的制作是这样的：先用笋壳做成高约40厘米的上扁下圆的帽胎，再将黑色的布长带缠绕覆盖在帽胎上，最后再顶处打结，两边带端的流苏分别在前后从顶端垂下。据说这种特别的高包头，是对阿昌族女人在一次战斗中机智行为的褒奖。传说在遥远的古代，阿昌族家园备受外敌侵扰。在一次血战中，男子弹尽粮绝，女人送箭受阻。一位妇女想出了一个绝妙的主意，让前方男子都用布带包成高包头，后方妇女便向“高包头”射箭支援。这样，男人既从包头上获得了支援，又迷惑了敌方，敌方也将箭误射向高包头。高包头挽救了阿昌人的性命，保卫了阿昌族家园。为了纪念这次战斗和那位妇人的机智勇敢，阿昌族妇女从此就包起了高包头。还有一种说法，是说远古的时候，没有天地，世界一片混沌，始祖遮帕麻和遮咪麻造天织地，共同创造了人类，

裕固族已婚女装背面

然而恶魔腊訇造了假太阳乱世，遮帕麻几经“斗法、斗梦”，终于用神弓射落了假太阳，世界又重获新生。据说，阿昌族妇女的高包头就是遮帕麻射落假太阳的神箭箭头的标志。不管是哪一种说法，都说明阿昌族妇女的高包头与古代阿昌人祖先的斗争相关联。

裕固族已婚女装正面

裕固族已婚妇女都有一副精制且价值昂贵的头面，裕固语称其为“凯门拜什”。头面分三条，胸前分左右两条，上端在耳际以上编入发辫，下端至脚面，中间勒入腰带，前面两条的图案，色彩完全对称统一，一般以红色珊瑚珠做底色，白色蓝色珠子为图案，把特制的银牌、孔雀石、珍珠镶嵌在图案中。第三条在背后，裕固族语称为“阿尔擦勒”，它又长又窄，同前面一样戴在脑后帽盖的发辫上。一般用青布做底，各色丝线滚边，上缀23块大小不一用白色海螺磨制的圆块，也有红色珊瑚珠做底色，称为“董”的白色海螺圆状块镶在中间。与头面相应的是她们头上那顶垂着红色缨穗的帽子。这种别具一格的装扮，据说是为了纪念他们民族一位叫做萨尔玛珂的女英雄。传说萨尔玛珂是裕固族白头目的妻子，在一次民族危亡的关头，她挺身而出，勇敢地穿上战袍，率领全部落的男女青年冲向战场，经过浴血奋战打败了敌人，成为拯救民族的英雄。但是白头目手下有一奸臣，他把萨尔玛珂视为眼中钉，一直想陷害她。当萨尔玛珂回娘家探亲时，奸臣在马背上驮了两褡裢“礼物”，并叮嘱萨尔玛珂看见父母的帐篷时把褡裢口子打开。萨尔玛珂走到家乡的山冈上，远远看见

父母亲的帐篷，她兴奋地顺手打开了褡裢口子，“扑啦啦”一声，一群鸽子从褡裢中飞出，马受到惊吓，把毫无防备的萨尔玛珂摔下马，拖着狂奔。当娘家人抓住烈马时，萨尔玛珂头顶流血，前胸血肉模糊，脊背露出了白骨。从此，为了纪念这位女英雄，裕固族姑娘出嫁时，一定要戴头面。前胸两条用红色珍珠镶嵌，表示萨尔玛珂的两个乳房，背后一条用白色的“董”（即用白石或海贝磨制而成的装饰物）錾满红底马布带，表示萨尔玛珂的脊背。帽子缀上红缨穗，表示萨尔玛珂头顶上流的鲜血。腰里扎红腰带表示萨尔玛珂的满腔热血抛洒在故乡的土地上。

四川茂县黑虎乡的羌族妇女，无论日常装还是盛装，头上都缠着纯白色的头帕，这种头帕是由两条白色的长头巾缠绕而成的，从前面看仿佛虎头，而脑后还要垂下两个帕头，长长的帕头一直垂到背部，仿佛子女为父母戴的孝一样，因此被称为“孝帕式”。事实上，这种特别的头帕也的确是一种孝，它是黑虎乡羌族人民为他们敬爱的黑虎将军戴的“万年孝”。据说黑虎将军羌族名叫格鲁丛宝，汉文名叫杨文武。格鲁丛宝自幼练就了一身好武艺，16岁那年，清军前来攻打山寨，寨首被杀，年少的格鲁丛宝组建了“羌威民防团”，利用滚木、弩弓、礌石打退了清军，后来又在黑虎鹰嘴河台建造了共计88座异形多角群碉。格鲁丛宝用机智的头脑，带领羌民战胜了不断进犯的清兵，保卫着黑虎峡谷乡民们的生命安全。由于格鲁丛宝以黑色虎头帕为标志，故被当地的父老乡亲尊称为“黑虎将军”。在黑虎将军22岁那一年，清兵又来侵犯，在多次兵败后，他们用高官厚禄收买了羌族一个支系的黑虎乡芦花人兰木基，在一次反围攻中，兰木基用毒箭射死了黑虎将军。

噩耗传来，黑虎山寨的乡民们异常悲痛。按照羌人风俗，如果死者属非正常死亡，其尸体不能进屋，且必须进行火葬。但黑虎将军牺牲后，黑虎寨的儿女怀着敬仰的心情，含泪把他埋葬在了黑虎山寨主碉边那片茂盛的兰花烟地里，让他与青山相伴。自那之后，黑虎七族在不同的寨子修建了七座庙，庙里塑有格鲁丛宝将军的泥胎金像。

为使后辈儿孙永远不忘黑虎将军的功绩，族人议定全寨男女老幼均包白帕，穿素衣，蹬白色云云鞋，为黑虎将军戴孝，而且这种孝一万年不改，如有不戴者会受到众人的议论和谴责。后因战事频繁，男人均出征打仗，故改白孝为黑孝，头戴黑布帕子，如今，只有妇女依然保持了戴“万年孝”的习俗，且沿袭至今。

畲族“狗头冠”
图片联盟提供

烙印远祖的记忆

具有鲜明风格的民族服饰，往往与民族生存的自然环境和传统的人文环境密切相关。很多民族的某些特有服饰往往传承了千年却未有大的改变，当地的人们会信誓旦旦地告诉你：这是从祖先那里传下来的，是我们的祖先穿过的衣服。

基诺族阿嫫晓白装

我国南方的少数民族，大多都有用布包头的习俗，这大概与当地日光强烈和高山密林的自然环境有关。但有的民族却有着他们自己的解释，例如瑶族。据说瑶族男女的包头，源于他们的祖先盘瓠。据《后汉书·南蛮西南夷列传第七十六》记载：

昔高辛氏有犬戎之寇，帝患其侵暴，而征伐不克。乃访募天下，有能得犬戎之将

苗族蝶纹绣片

吴将军头者，购黄金千镒，邑万家，又妻以少女。时帝有畜狗，其毛五彩，名曰盘瓠。下令之后，盘瓠遂衔人头造阙下，群臣怪而诊之，乃吴将军首也。帝大喜，而计盘瓠不可妻之以女，又无封爵之道，议欲有报而未知所宜。女闻之，以为帝皇下令，不可违信，因请行。帝不得已，乃以女配盘瓠。

盘瓠是犬，怎么能与人成婚呢？于是，瑶族民间有了龙犬变人身娶妻的故事。说是龙犬对公主说："你将我放入蒸笼里，蒸上七天七夜，我就可以脱掉身上的毛变成人了。"并且叮嘱说不到七天七夜千万不能打开蒸笼。但是，到了第六天，公主担心他被闷死或饿死，就忍不住打开蒸笼盖，想要一探究竟。这个时候，龙犬已经变成了人形，但是由于提前打开了蒸笼，头上、腋窝和脚胫上的毛还没有脱落，只好用布将头和脚缠起来。因此，瑶族就有了缠头、裹脚的习俗。

除了瑶族，还有苗族、畲族都认为自己是盘瓠的后裔，都有许多有关盘瓠的传说故事。畲族"狗皇歌"里说，盘瓠让公主把他罩在金钟内七天七夜，公主提前一天打开了金钟，结果盘瓠身子变成了人身，但仍是犬头。于是，公主做了狗头帽戴在头上，与他成了亲。因此，在苗、瑶、畲等民族中，曾经流行带狗头帽，现在的母亲仍然喜欢给孩子带上狗头帽，以求祖灵的庇护。除了缠头和戴狗头帽，他们还用尾饰的形式来纪念自己的祖先。如云南红河地区瑶族男子腰系狗尾形布带，妇女用红绒线制成宽厚的襟带系在背后，代表狗尾。

云南西双版纳地区基诺族妇女有一种较为特别的头帕，这种头帕以白色为底色，加上红、蓝等颜色的条形花纹，貌似一个三角形尖顶的帽子。据说这种头帕是为了纪念女始祖阿嫫晓白而特意缝制的。基诺族的创世神话里说，在开天辟地之前，世上只有茫茫的大水、天和太阳，没有地和人烟。不知道是在哪一年哪一月哪一日，从水里浮出了一个头戴白色尖顶头帕、身穿素白衣裙的女人，她就是人类的女祖先，名叫阿嫫晓白。她浮出水面后，就在空荡荡的天空中飘浮，没有地方落脚。于是，她想要造个地方来落脚，但一时想不出办法，急得直搓手，无意中将手中的泥垢搓成了一个圆团，抛了出去，就变成了大地。她孤零零的一人落在地上，就想造一些人来做伴。于是，她走到一个水塘边，用泥和水造出了人和万物，这些人就是基诺人。基诺人来到世上赤身露体，就仿照阿嫫晓白的穿戴，缝制了白色的尖顶头帕和衣裙，从此以后，这种衣服就流传了下来。

苗族姑娘特别爱美，喜欢用各种漂亮的图案来装扮自己。如果仔细欣赏一下苗族的服饰，你会发现，无论是衣服还是银饰，有一种图案超乎寻常的普及，那就是翩翩飞舞的蝴蝶。这些蝴蝶纹样，有的是自然界的形象，有的是抽象的纹样，还有的充满了丰富的想象，在蝴蝶的腹部或两翅间长出了一个胖胖的人头。其实苗族人民偏爱蝴蝶，是源于他们的《古歌》。苗族《古歌》里说，枫树的树心里生出了蝴蝶和鹡宇鸟，蝴蝶与水田中的水泡相恋，生了12个不同颜色

畲族少女的小凤凰装　图片联盟提供

的蛋，鹡宇鸟来帮她孵蛋。整整孵了12年，先后孵出了龙、雷公、虎、蛇、水牛、蜈蚣等，但仍有几个蛋没有孵出，鹡宇鸟失去了耐心，飞到半空中，决定不再孵蛋了。这时，从一只黄蛋里发出了呼喊声：“妈妈再抱我一会儿，我就要出来了。”于是鹡宇鸟回心转意，继续把剩下的蛋孵出来，而从这只黄蛋里孵出的就是苗人的祖先姜央。因此苗族人把蝴蝶妈妈看作自己的始祖，还给她举行祭祀仪式。黔东南苗族的牯脏节（又称鼓藏节）就是祭祀蝴蝶妈妈的。有一首《酱鼓词》这样唱：“咱妈是蝴蝶，住在树心心，多年不打扫，满屋是灰尘，今天我打扫，请爹妈住下。”而在服饰上，则更是喜欢用蝴蝶纹样作为装饰。

畲族新娘的大凤凰装
图片联盟提供

生活在贵州黄平县重安江流域的苗族支系“革家”人，不论男女，在盛装的时候都格外英姿飒爽。革家男子盛装时头缠蜡染高包头，包头上插数支锦鸡翎，身穿蜡染对襟上衣，腰系红色花腰带，背批黑色镶银饰的背牌，仿佛即将出征的勇士。而革家姑娘盛装的时候，头戴红缨帽，身披前短后长的黑背牌，腿裹黑底红花的绑腿，一副不爱红装爱武装的样子。特别是那顶别具一格的红缨帽，据说帽下弯弯的银抹额象征着弓，帽顶中孔插的一支银簪象征着箭，而帽后直直翘起的蜡帕边缘就是那锋利的箭头。革家人这种武士般的装束，来自于他们的祖先。据传，革家人的祖先原是一名勇猛的战将，在轩辕蚩尤之战中曾屡建奇功，后来他解甲回田时，将皇帝赐的战袍带回了家乡，并赠送给了自己的儿女。从此以后，革家儿女就世代沿袭这种极具武将神韵的服装。

生活在云南楚雄昙华乡以及邻近的三台乡等地的彝族妇女，她们的衣服上绣满了喜庆的红花，其中最多的是马缨花。而在头帕的正中间，则一定会插上一朵盛开的马缨花。不仅是衣服，她们还在挎包和腰带上，都绣上马缨花，甚至男人的衣服上，也会点缀上几朵马缨花。当地人如此偏爱马缨花，是与他们的祖先分不开的。传说很久以前，世界上洪水泛滥，土地和人类都被淹没了，只剩下两兄妹，因为躲在了一个大葫芦里而生存了下来。为了繁衍人类，他们经历了烧香烟、滚磨盘和滚簸箕三种天判方式，在金龟老人的劝说下，成了亲。过了12个月，妹妹生下了一个肉团。正在兄

畲族老凤凰装
图片联盟提供

妹俩互相埋怨的时候，金龟老人又出现了。他笑嘻嘻地前来向兄妹俩贺喜：“你们已经产下人种了。”说罢，抽出宝剑，一剑劈开肉团，出现了50个童男，50个童女。那一张包着人种的肉皮还流着血呢，金龟老人用剑一挑，甩在旁边的一棵小树上，从此这棵树就开出了红彤彤的马缨花。而彝族人则是那50个童男童女的后裔，因此，他们特别钟爱马缨花。由于人种出生的那天正是农历二月初八，因此还形成了彝族的马缨花节，又叫插花节。每年这一天，当地彝族都要上山采来鲜艳的花朵，在村前寨口搭起鲜花牌坊，把鲜花插满房前屋后。晚辈要给长辈插在头饰上、衣服上，祝他们幸福吉祥。长辈也要给晚辈插，祝他们健康快乐。人们还给农具、牲畜也插花，预祝五谷丰登，六畜兴旺。他们应该是在欢庆人类的新生吧。

分布于我国福建、浙江、江西、广东、安徽等省部分山区的畲族，是一个质朴的民族。这个民族丰富的想象力和对美的理解，充分体现在妇女们独有的“凤凰装”上面。她们头盘“凤凰髻”，象征着凤头；衣领、衣襟、围裙、袖口上都有各色刺绣花纹图案，并用金银丝线镶绣出五彩缤纷的花边，象征着凤凰优美的颈、腰、腹部和斑斓的羽毛；腰后随风摆动的金腰带象征着凤凰的尾巴；手腕、头上和胸前垂挂的金银饰片不时发出清脆的叮咚声，象征凤凰的鸣啭。根据不同的年龄阶段，凤凰装可以分为小凤凰装、大凤凰装和老年凤凰装三类。小凤凰装为未婚少女所穿，大凤凰装为青、中年妇女穿着，老年凤凰装为老年妇女所用，它们的区别主要在于色彩和花样的繁简以及花边的宽窄上面。大凤凰装的色彩最为艳丽，花样最为繁复；小凤凰装与它款式相同，但是花样相对简约；老年凤凰装则花边较窄，色彩和花样较为单调。凤凰装最引人注目的地方，是那个别具一格的凤凰髻。不同地区、不同年龄畲族妇女的凤凰髻是有区别的。最有特点的是已婚青年妇女的凤凰髻。福建罗源地区的已婚妇女，将长长的头发束于脑后，然后分为两股，分别螺旋拧转并向额前提起，在发辫的束发处套上一个用红色绒线缠绕着的细长的棍状发饰，将两股提起的辫梢固定在棍状发饰上，棍状发饰的顶部用红绒线缠绕出一个圆形的盘花覆盖在头顶，这就是有名的凤冠了。婚礼中新娘的凤冠则显得富丽堂皇。凤冠的主体是一个长约10厘米、直径约3厘米的竹筒，先用银箔包好，再包上一层红布，红布的四周饰有金片，还垂有大红的绒线。凤冠的前面插上数支银钗，额前垂着7～9串缀有银片的银链。

畲族妇女喜爱的凤凰装，一说是传自他们的女始祖三公主。相传畲族始祖盘瓠因平番有功，高辛帝招他为驸马，让他与三公主成亲。婚礼时，帝后娘娘送给三公

头戴银发箍的佤族少女

主一顶非常珍贵的凤冠和一件镶有珠宝的凤衣，祝福女儿三公主像凤凰一样给生活带来祥瑞。三公主贤惠聪明，不贪恋宫廷富豪生活，随夫携子迁到广东凤凰山繁衍生息，被畲族奉为“凤凰神”。三公主婚后生下了三男一女，她把女儿们从小就打扮得像凤凰一样。当三公主的女儿长大出嫁时，凤凰从广东的凤凰山衔来了漂亮的凤凰装送给她做嫁衣。从此以后，畲族妇女便穿凤凰装以示吉祥如意。还有些地方把新娘直接称为“凤凰”。由于新娘具有三公主的崇高地位，所以在新郎家拜祖宗牌位时是不下跪的。

还有一种说法，来自散居于云贵山区麻江县畲族的丧葬古歌《开路经》。《开路经》从开天辟地讲到畲族的迁徙跋涉，是一部浓缩的畲族历史，逝世的畲族人只有听了《开路经》，才能找到回家的路，找到他们的祖先。麻江畲族《开路经》说，开天辟地之后，龙、虎、雷公等为争夺天下，展开了激烈的战斗。龙喷出洪水，将低处淹没；雷击出的闪电引燃了大火，焚烧着陆地山冈。在无边的猛火和波涛中，世上所有的生物都陷入了绝境。正在这个危急的时刻，一只凤凰鸟引颈长鸣，振翅冲上了天空，带领着万物突出了烈火的包围，然后又迫使龙潜回水底，雷藏进天宇，才让万物复苏，人类重新开始了幸福祥和的生活。因此，畲族人把凤凰看作民族的保护神，并用穿凤凰装的方式表达对凤凰的崇敬之情。

佤族姑娘都留有一头长长的秀发，高兴的时候随着欢快的音乐甩动长长的头发，显得热情奔放。而头上那个银白的发箍在黑发的映衬下显得格外明亮。这个银质的宽发箍，已经成为了佤族姑娘的标志。走近观看，你会发现，发箍上无一例

佤族姑娘衣服上的三角形银泡图案

外都会刻有牛头和十字的纹样。不要以为牛头纹只是一种普遍存在的对牛的崇拜心理，事实上，对于佤族人民，它有着更重要的意义，它代表着佤族远古时候的女始祖。佤族神话《司岗里》里讲到，远古时候，洪水泛滥，大水淹山，世上只剩下了人类的首领达惹嘎木和他养的一头黑色的小母牛。后来，按照天神的旨意，达惹嘎木和黑母牛结为夫妻，他们交配生下了一个葫芦，人类才能够“从葫芦里出来”。因此，佤族人民对牛有着特别的崇敬之情，走进佤族的村寨，随时都能见到悬挂着的牛头，对于佤族人家来说，牛头骨不仅只是普通的装饰物，它还代表着祖先神，对他们有庇护和驱邪的作用。

佤族银发箍

佤族姑娘的服饰上总会装饰一些用小圆点组合的菱形或者三角形的图案，据说这些图案代表的是一个叫做“旧伟”的小米雀，它对佤族祖先来到世上做了不少的贡献。《司岗里》说，造人之神莫伟(又译为木依吉)把人类造出来放在石洞里。最早发现石洞里有人的既不是神，也不是人，而是一名叫“差”的普通的小鸟，小鸟最先把人藏在石洞里的消息告诉了动物和植物，而引起了“该不该让人出来”的讨论。最后大家才做出决定：“帮助人打开石洞，让人出来。”首先站出来响应的是兽类中的大象、野猪、犀牛、老熊、鹿等。它们各自施展出自己的看家本领，但都没有把石洞打开。鸟类中的鹤、鹰、臭雕、啄木鸟、猫头鹰等飞禽也紧跟其后，拿出各自的绝活，仍然没有将石洞打开。最后，苍蝇用唾液配合小米雀啄开洞门；蜘蛛用自己吐的丝，让大树压不断而认输；老鼠咬住豹子的尾巴而使可恶的豹子不敢再咬从石洞里出来的人。这样，人类才从石洞里走了出来。因此，那只名叫“旧伟”的小米雀，成为佤族人民尊重和喜爱的神鸟，人们把它绣在衣服上，以表达对它的喜爱。

贵州雷山短裙苗女盛装上的蝴蝶纹样

陆

传诵动人的故事

撒尼姑娘的花包头

民族服饰中有许多小小的细节，如果不特别注意，可能不易被人们察觉，但这些小小的细节在当地人的心中却十分重要，他们往往会指着这些地方，讲述起一个个动人的故事。

撒尼姑娘的花包头

我国南方许多少数民族都有包头的习惯，其中最漂亮、最鲜艳的则要属黔东南撒尼姑娘的包头了。撒尼姑娘的包头不仅色彩亮丽，而且五彩斑斓，仿佛头上顶着一道道绚丽的彩虹。而这种彩虹般美丽的花包头，也有着一段感人至深的爱情故事。相传世间有一百二十条彩虹，最大最美的那一条是撒尼人居住的圭山彩虹。这条彩虹是怎样来的呢？传说古时候有个聪慧的姑娘叫阿洼若兹，有个英俊勇敢的小

伙子叫布达若舒。他们俩在苦难中长大，在劳动中互相爱慕，但他们纯洁的爱情被土司给破坏了。土司看上了阿洼若兹，自恃富有，赶来33头牛，挑来55匹布，拉来77坛酒，送来99袋贝币，想以这些财物来换阿洼若兹。但这些打动不了阿洼若兹的心，她仍然坚定地爱着布达若舒。狠毒的土司对布达若舒下了毒手，随后派人强抢阿洼若兹。当土司叫人点起柴火焚烧布达若舒时，坚贞的阿洼若兹挣脱看守，纵身跳进火堆。土司恨得发狂，把两人分开来烧，但两股青烟顿时化为彩云又聚拢在了一起。土司气急败坏，命人点起九堆大火，想用浓烟把彩云冲散。这时，狂风骤起，暴雨倾盆，山洪咆哮而来，冲走了土司。雨过天晴，一对彩虹挂在天空。撒尼人说：那道浓的，是美丽的姑娘若兹；那道淡的，是勇敢的小伙子若舒。从此，撒尼姑娘就在包头上镶上几道彩条来象征若兹和若舒化成的彩虹，而这种象征着坚定爱情的花包头也成了撒尼姑娘送给小伙儿的定情信物。

布朗女人的三尾螺银簪

布朗女人的发髻上总是要装点几支亮晃晃的发簪，而当地人称为“戛丝戛巾”的银簪则是最为常见的，这种银簪采用立体的造型，铸造出了一个有三个尾巴的螺壳，因而又被称作“三尾螺”银簪。这枚别致的银簪，让布朗人世世代代怀念着美丽的艺英姑娘。传说布朗族原本住在云南景洪的山里，寨里有一位名叫艺英的姑娘。艺英17岁那年，和小姐妹在南木河中嬉戏，拾到了一个奇怪的螺壳。这个螺壳有三个尾，洁白晶莹，玲珑剔透。艺英觉得十分好看，就把它别在了发髻上。奇怪的是，自从她别上三尾螺后，她的容颜每天三次变换：早上，她迎着山风去泉边汲水，脸庞白嫩姣美，像含露的玉兰；中午，她在竹楼阳台上砍芭蕉做猪食，脸蛋红润，像熟透的野果子；傍晚，她背柴归来，脸膛泛起淡绿，像是山林的秀色染绿了银盘。人们都亲昵地叫她“婻三飘”（一日三变的姑娘）。一天，婻三飘跟随父亲下到傣族坝子，在景兰赶街，碰上了召片领（当地傣族首领）的仪仗队。召片领被“婻三飘”的美貌迷住了。第二天，召片领的家臣带领武士，抬着聘礼，来到艺英家的竹楼，强行把艺英霸占为妾。召片领的王后嫉妒艺英姑娘，当她窥探到三尾螺的秘密后，就从艺英头上抢下螺并当众砸碎。艺英姑娘失去了三尾螺，也失去了一日三变的美丽，很快就失去了召片领的宠爱，并被赶出了家门。后来，布朗人不堪忍受外族人的统治，经过商量，在一个黑夜，举寨逃离，几经迁徙，才在现今渤海县曼囡、曼桑等地定居下来。而艺英姑娘在迁寨时与遇到的官兵奋力斗争，英勇牺牲。布朗人民十分怀念这个美丽而不幸的姑娘，就打制了这种三尾螺的银簪让妇女们别在发髻上，同时也是期望妇女们都能拥有“婻三飘”的美丽。

基诺族的条纹衣饰和日月花饰

在前面，我们说到基诺族妇女头戴尖尖的头帕是为了纪念他们的女始祖阿嫫晓白，但阿嫫晓白的头帕明明是洁白无瑕的，而为什么基诺女人的头帕上却总有几道彩色的条纹呢？原来，这些条纹与一个动人的爱情故事有关。相传很久以前，基诺村寨里有一对幸福的恋人，他们是美丽善良的基诺族姑娘布鲁蕾和勤劳忠厚的小伙子泽白。正当他们沉浸在甜蜜的爱情之中准备结婚的时候，附近寨子的富家公子泽木拉看上了美丽的布鲁蕾，用计谋抢走了她，并威逼她在三天内与自己成婚。布

基诺族女装
图片联盟提供

鲁蕾怎么也不肯答应，泽木拉恼羞成怒，就从火塘中抽出一根烧过的柴火在姑娘的帽子上用力地从前划到后，他边划边恶狠狠威胁说，“你若不答应和我结婚，敢逃跑，抓回来就用这根柴火头把你劈开。”布鲁蕾的恋人泽白历尽千辛万苦，把她从泽木拉那里救了出来，两人向远处逃去。但穷凶极恶的泽木拉怎么肯放过他们呢?他带着家丁很快就追上了他们，泽白腿上中数箭，倒在了地上。正在这千钧一发的时刻，天空中出现了几道彩虹缠住这对恋人，放出七彩光芒逼退了泽木拉一行，这对恋人在彩虹环绕之中腾空而起，升上空中……从此以后，人们便在衣裙上镶上彩虹般的彩条，以求吉祥。而布鲁蕾由于被泽木拉用柴火划过洁白的尖顶帽上留下了黑色的条纹，人们为了纪念她对爱情的忠贞不渝，也在白帕常上镶上了黑色的条纹。

基诺族的成年男子，衣背中央均缝缀着一块彩色图案，基诺人称之为“波罗阿波”，意为太阳花或月亮花，即日月花饰。日月花饰呈圆形，直径约为10厘米，用红、黄、绿、白等彩色丝线绣于1 8厘米见方的黑布上，再缝于衣背。圆形图案由中心往外展开，呈放射状彩线条，有的好似太阳，光芒四射；有的线条平缓，像月亮一样柔和。日月花图案旁往往还要加绣有兽形图案或几何形花纹，使得其花纹色彩对比更丰富、和谐。关于日月花饰“波罗阿波”，有几种传说。

一种是说，基诺族的祖先是孔明南征军的一部分，他们因在途中歇息而掉队，后来追上大部队后，孔明不愿再收留。为了让这些落伍的兵士能够生存，孔明赐以茶种，让其种植，并让他们依照自己的帽子式样修房盖屋。后来基诺人在自己的衣背上就刺绣上孔明的八卦印，以示对孔明的崇敬和怀念。因此，日月花饰又称为“孔明印”。

另一种传说讲述了一个令人惋惜的爱情故事。传说一位基诺族的小伙子深爱着从月亮上下来的聪明美丽的姑娘，他们的深切至诚招来了恶魔的嫉妒，恶魔对姑娘百般残害，使姑娘无法在地上居住下去，只好忍痛告别情人向天上飞去，小伙子一边央求姑娘不要离开，一边顺着树干追到树尖，仍没有抓住姑娘，只从姑娘的裙角撕下了一小块带着花纹的布片，小伙子为了永远记住她，把布片缝在背上，这就是现在的日月花饰。

还有一种说法，与前面讲到的布鲁蕾和泽白的故事有关。据说他俩相恋时，每次见面泽白都要准备一朵布鲁蕾最喜欢的“波罗阿波”——日月花送给她。后来在逃离时，彩虹只救走了布鲁蕾，泽白孤零零地留在了人世。他无时无刻不在想念着布鲁蕾，便把她留下的日月花绣在上衣背上，表示对她的永远怀念。从此，多情的基诺族男子也都穿上了背上缀饰有日月花图案的上衣，以示对忠贞爱情的纪念。

阿细人的花腰带

在美丽的云南弥勒西山区，生活着一个活力四射的彝族支系——阿细人，他们传统的集体舞蹈“阿细跳月”闻名四海。每当节日或农闲，邻近村寨的年轻小伙儿和姑娘们就相约来到草坪上，在悠扬的三弦琴和笛声中，合着节拍跳起欢快的舞蹈。这是一个欢乐的时刻，也是男女青年沟通感情，寻找生活伴侣的好时机。美丽的阿细姑娘把一段至死不渝的爱情故事织成漂亮的红底绿花腰带系在身上，表达着她们对美好爱情的向往。传说在弥勒的阿细山寨，有一位远近闻名的山翩姑娘，她人长得漂亮，活做得漂亮，唱歌、弹响篾也样样行，来求亲的小伙儿挤满了门槛，但山翩姑娘只看上了曾从老虎口中把她救出的穷小伙儿阿自。怀恨在心的碾诺土司把阿自赶出了村子。但山翩姑娘和阿自仍然相约夜间在山里见面谈心。后来有一天晚上，山翩姑娘怎么也没有等到阿自哥，黎明的时候，她看见一个血肉模糊的人向她爬来。原来，阿自在山里被野兽咬了。没有来得及和山翩姑娘说上一句话，阿自就停止了呼吸。山翩姑娘悲痛欲绝，背起阿自的遗体往家里走去。阿自火葬的那天，山翩姑娘把钱贝撒了一地，趁着人们抢着捡拾钱贝的时刻，她纵身跳进了火里，和阿自一起被火化了。碾诺土司让人把山翩姑娘和阿自的骨灰分开。但骨灰分开后一撒出去，山翩姑娘的骨灰变成一朵翠绿绿的云彩，阿自的骨灰变成红云，这两朵云彩汇聚到一起，顿时雷雨大作。碾诺土司和他的狗腿子统统淹死在洪水里。从此，阿细姑娘就把彩虹一样的红绿腰带系在身上，用以纪念这对生死相恋的情人。

毛南族的花竹帽

生活在广西环江县的毛南族有一种别致的竹帽，是供妇女下雨天佩戴遮雨的，当地人称其为“顶卡花”，意为“在帽底编织花纹”。这种花竹帽分里外两层，直径60厘米左右，以当地特产的金竹和墨竹为编织材料。墨竹漆黑油亮，金竹金光

毛南族花竹帽

闪闪。“顶卡花”做工十分精细。秋后砍竹破篾，篾片薄如纸，篾丝细如线。先将篾片篾丝在水中浸泡一昼夜，然后捞出晾干备用。编帽时，先把帽架摆在编者膝前。帽架直径与竹帽直径一致，形如雨伞，可以转动。先编表层，后编里层。表层主篾15片，每片两端均分成24片分篾，共720片分篾，分篾细如发丝。加上60～80片横栅，上下交叉编织，密不透光漏雨。编里层时，用主篾12片，每片两端各分出15片分篾，共计360片，再加上下20～30片横栅，交叉编织而成。表里两层编好后，里层上面盖一层薄纱纸，纸上覆一块花布，花布上再盖一块深蓝布，然后将表层扣在上面，使里表两层合一，帽边沿用细篾缝合串紧。因为表层顶部略呈尖状，为防其磨损，把粗的鹅羽毛管破开，套编其上，加以保护，更为美观耐用。而这种既美观又实用的花竹帽，却是源自一位汉族小伙子，它记载了一个汉族小伙和一位毛南族姑娘的美满爱情。相传有一年，北方大雨成灾，很多人纷纷南来逃荒。有个叫阿金的汉族青年，千里迢迢，逃荒到这个垌场。这个小伙子年刚二十，身材高大，粗壮结实，他在半山腰搭了个草棚住下，一个人垦荒种地，还会做点手工艺。阿金很勤劳，每天早起就上山开荒，晚上天黑才回来。这年冬天，地里的作物收完以后，阿金上山砍点木头和竹子，做木盆、扁担、竹椅、牛轭等，拿到圩场出卖，顺便编织了一顶雨帽，留着自己用。翌年清明节后的一天，阿金戴了一顶新编的雨帽上山刨玉米地，恰巧当地美丽的毛南族姑娘谭灵英也在附近山上刨地。晌午过后，乌云滚滚，突然下起了倾盆大雨。灵英慌忙扯了一把红背叶子遮住头顶，但怎么也挡不住大的雨点。这时，阿金发现了灵英，便叫她到帽子下来躲一躲。雨大情急，灵英听见阿金叫喊来不及考虑，便匆匆地跑到阿金身边，躲进他帽子底下，低头避雨。一会儿雨渐渐停了，她这才慢慢仰起头来望那帽子：“啊，顶卡花（毛南语：花竹帽），多好看啊！”见灵英喜欢，阿金便把这顶花竹帽送给了她，而他俩也成为情意相投的恋人。垌场的人们都羡慕和祝贺他们，歌手们还为他们编唱了一首“罗咳”歌：金丝竹子根连根，恩爱情人心连心——罗咳！有缘千里来相会，“顶卡花”儿订终身——罗咳！从此以后，“顶卡花”就在毛南族姑娘中传开了。“顶卡花”是毛南族姑娘们珍爱的装饰品，小伙子在恋爱时，把它作为礼物送给心爱的姑娘已经演变成了一种习俗。

彝族姑娘的锦服

每年农历三月二十八，是云南大姚县三台乡彝族人民传统的服装节。这一天，当地彝族群众家家杀鸡宰羊、饮酒唱歌，四周的彝族群众也从十里、百里之外赶来参加这一节日活动。

服装节又叫“赛衣节”，是当地彝族妇女专门进行服装比美的日子，谁的服饰设计精巧，花样出众，谁就能赢得人们的赞誉。在“服装节”上，刺绣珍品真可谓琳琅满目：飞禽走兽、流水行云、山花野草、缠藤蔓枝，各种大自然的奇异景物几乎都被融会到了彝族妇女们巧夺天工的刺绣中。姑娘们穿着自己精心刺绣的彝族服装，三五成群，如彩蝶纷飞，在人群中穿来穿去，不时回到父母身边换上另一套艳丽的服装，有的姑娘一天之中能换上四五次衣服。三台乡彝族的服装节历史十分悠久。相传很久很久以前，彝家有一个聪明美丽的姑娘叫阿米尼，她每天早晨来到洪水潭边，一

彝族姑娘的锦衣
图片联盟提供

边唱歌一边梳洗，然后赶着羊群到百草岭放牧，晚上来到潭边喝饱潭水，再唱着山歌赶着羊群回家。阿米尼没有想到，潭对面的密林中，有一个名叫阿达西的年轻猎人深深地爱上了她。有一天，阿达西听说龙头大人要举行骑射比赛，第一名将被封为将领去带兵打仗，还可以在九山十八寨中挑选一个漂亮的姑娘做妻子。阿达西决定去参加比赛，因为他希望能娶阿米尼为妻。阿达西凭着他非常的本领，获得了第一名。龙头大人提出要将自己的女儿嫁给他，他拒绝了龙头大人的提议，并告诉龙头大人自己爱上了阿米尼，希望娶阿米尼为妻。龙头大人提出了新的条件，那就是在100天之后，举行一个姑娘们的服装比赛，谁的服装最漂亮，谁就做阿达西的妻子，阿米尼也要参加比赛。龙头大人把阿米尼关在了木垛里，但是心灵手巧的阿米尼用木垛房里的锦鸡皮编织成了五彩斑斓的服装，最终战胜了龙头大人的姑娘请99个裁缝、99个银匠精心制作的衣服。龙头大人虽然口头答应了阿达西娶阿米尼的请求，但在结婚的当晚，用麻醉药迷昏了阿达西，让自己的女儿和阿达西成了亲。三天三夜后，阿达西醒来，跑出去寻找阿米尼，在水潭边听到了阿米尼的歌声，去不见她的人影，只看见一只美丽的锦鸡向丛林飞去。阿达西追了过去，从此再也没有回来。人们说，阿米尼和阿达西都变成锦鸡飞走了。从此以后，彝族姑娘就爱上了锦鸡一样艳丽的衣服，小伙子们也喜欢在帽子上插几支漂亮的锦鸡羽毛。

纳西妇女的羊皮披肩

纳西族妇女背后披的羊皮披肩是其服饰中最具特色之处，而在不同地区的纳西羊皮披肩中，又以丽江地区的“披星戴月”最有特色。这种披肩是精选黑色的羔羊皮，经过反复鞣制后，剪裁而成。披肩上端横镶一段黑丝绒或黑呢子，黑丝绒上钉7个并排的圆形彩线绣花布盘，一圈圈彩色布条如光芒四射的星月。在披肩上端的两侧，还分别缝有一根白色长条，长条的末端用黑线绣着一些花卉、动物纹样。披戴的时候，将披肩披于背部，将两条白带子在胸前交叉，经腋下牵到背部，在身后打结。天冷时毛面向里，天热时毛面向外，十分实用。这种披肩与一个勇敢的纳西族姑娘有关。相传在很久以前，纳西族居住在湖畔的大山上，过着宁静的生活。不

纳西族
披星戴月披肩

料有一年出现了一个凶狠的旱魔，他放出八个太阳与原有的太阳一起，轮番烤灼大地，人间没有黑夜，大地处处焦黄。有个叫英姑的纳西族姑娘，立志要到东海请龙王。她用鸟的羽毛编织成了一件五光十色的“顶阳衫”，披在背上向东方奔去。英姑到了东海边，恰巧遇上龙三太子，两人相爱。龙王派龙三太子陪她回家乡解除旱情。可恶的旱魔施计将龙三太子陷入深潭，让大象和狮子把守潭口，可怜的英姑与旱魔一连搏斗了9天，终因气衰力竭，倒在了地上，从此，这地方就叫“英姑墩”（即丽江）。龙三太子拼死冲出深潭，呼叫着扑向英姑倒下的地方，变成纵横丽江坝子的泉水。白沙三多神见状造了一条雪龙，一连吞下了7个太阳，并把变冷后的

披星戴月上
的圆形花布盘

太阳又吐到地上，只留下一个太阳将之变成了月亮。三多神把7个冷太阳捏成了7个闪光的星星，镶在英姑的顶阳衫上，以资表彰。为了纪念英姑，纳西族姑娘依照英姑的顶阳衫做成了精美的羊皮披肩，象征勤劳勇敢，世代相传，沿袭至今，因而羊皮披肩含有“披星戴月”之意，寓意纳西族勤劳辛苦。

傈僳族姑娘的“欧勒”帽

生活在云南的傈僳妇女，喜欢用洁白的海贝——砗磲片来装饰自己，她们头上戴着缀有白贝壳的头饰，胸前挂着白贝壳串成的项链，腰上系着饰有多枚白贝壳的腰带。其中，用白贝壳、料珠、珊瑚、小铜铃等缀成的网状头饰——“欧勒”帽是她们的最爱。关于傈僳族妇女的“欧勒”帽，有一个温馨的故事。很久以前，人

傈僳族姑娘的“欧勒”帽

间遭遇干旱，饥饿夺去了无数人的生命。有一对失去双亲的青年男女，带着仅有的一把长刀、两升米和一只大公鸡，跋山涉水去寻找能生存的土地。他们来到了一个山清水秀的地方安了家。姑娘为了给小伙子织一套舒适合体的衣服，跑遍群山，采来荨麻纺成麻线，终于织成了一件横纹长衫，送给了小伙子。在姑娘辛劳的日日夜夜，小伙子也在悄悄地为心上人物色着礼物。当他看到美丽的姑娘在劳动时，山风常常吹乱她的长发遮住双眼，发丝刺得姑娘的眼睛不停地流泪，便有了主意。夜里当他看见明月高悬，那么的美丽，便决定用像月亮那样洁白光滑的东西做成一顶能拢住姑娘长发的帽子。小伙子听说唐古拉山下有像月亮一样洁白的砗磲壳，人们常用它来做装饰品，于是下决心去找它。历尽艰辛，他终于得到了美丽的砗磲壳。他就不分白天黑夜地打磨起来，功夫不负有心人，终于磨出了一大堆又白又亮的砗磲片。小伙子从山上采回了五光十色的树果子，用姑娘搓出的麻线，把这些砗磲片和果子分别穿成串，美丽的"欧勒"帽终于完工了。在一个明月当空的夜晚，小伙子捧出它戴在心爱姑娘的头上。从此"欧勒"帽便成了傈僳族小伙子们赠送给心上人的定情物，一直流传至今。

白族姑娘的凤凰帽

在美丽的洱海之滨，你会发现，美丽的白族姑娘们喜欢戴一种形状十分特别的帽子。这种帽子由两片鱼尾形的帽帮缝合而成，帽子后檐翘起6厘米来长的帽尾，前沿正中镶有一朵红绸制成的帽花，帽花的周围缀满银泡玉珠；从整体来看，仿佛一只昂首挺立的凤凰。这就是云南有名的凤凰帽。对于这顶漂亮的凤凰帽，还有两个脍炙人口的故事。

第一个故事与勤劳美丽的玉莹姑娘有关。相传很久很久以前，在云南省洱源县凤羽鸟吊山脚下，住着一位美丽、勤劳、淳朴的白族姑娘，名叫玉莹。她每天上山砍柴，以砍樵为生，养活着年老眼瞎的母亲。有一天，玉莹在砍柴途中口渴了，就在一道陡崖前寻泉水喝。忽然，崖洞中飞出一支巨大凶猛的羊雕，直扑向她。正在这危急时刻，一个英俊的白族牧羊人用弓箭射中了羊雕，救下了玉莹。在交谈中，小伙子和玉莹互相产生了爱慕之情，他们互相交换了定情物，并相约一个月后举行婚礼。第三天，玉莹上山砍柴的时候迷了路，她走到树林深处，在一块石板上坐下休息，忽然听到林间百鸟齐鸣，在眼前万道金光中，她看到一对五彩孔雀引领着百鸟簇拥着一支神奇美丽的凤凰向她走来。凤凰来到她跟前，问孔雀："这是谁家的女子，怎么一个人来到深山密林？"孔雀讲述了玉莹的情况后，凤凰非常喜欢勤劳善良的玉莹，便命令孔雀把一顶凤凰帽戴在了玉莹头的上。这是一顶非常美丽的凤

云南白族
凤凰帽

凰帽：两瓣七彩鱼尾形的帽帮缝合成凤凰鸟一样的帽身，红的像火，绿的似要滴油，白的似银，黄的闪金光，整个帽光彩熠熠。玉莹戴着凤凰帽更是赛过了天仙。正好这天下午，南诏国王打猎路过山脚，碰见了美丽的玉莹，便命令兵丁把玉莹抢回王宫，逼她成亲。玉莹不答应，国王就下令把她关进牢房，给她三天时间考虑，若同意了第三天就举行婚礼；不同意，便立即处死。聪明的玉莹终于想出一个计策。她假装答应国王的要求，在和国王喝交杯酒的时候，她偷偷把毒药放进国王的酒杯，国王中毒立刻死了。玉莹趁宫中一片混乱的时刻逃跑出来，回到了家中。金光闪闪的凤凰帽照亮了母亲的双眼。母女俩收拾好东西迅速上山去找牧羊人，在半路上，遇到来接她们的牧羊人，从此，玉莹和牧羊人在深山密林里牧羊打猎，过着自由、幸福、美满的生活。而美丽的凤凰帽就成了白族姑娘勤劳勇敢、淳朴善良、忠贞不渝的象征，代代相传。

另一个故事则赞扬了一对勇敢的白族孪生姐妹。相传很久以前，彩凤峰下住着一对白族孪生姐妹，她们聪明美丽、勤劳勇敢。每年秋季，她们都用辛勤的劳动换来五谷丰收。四面八方的鸟儿也飞来祝贺她们喜获丰收。一天，正在鸟儿为她们庆祝的时候，凤凰也闻讯飞来了，并把两顶金光闪闪的凤冠作为礼物送给了姐妹俩。然而不巧的是，正在山上打猎的国王看见了她们，被她们的美貌迷住了，就命令卫士把她们抢进宫。姐姐逃避不及被抓走了，在宫中，她坚贞不屈以死抗争。妹妹听到姐姐遇难的消息，悲痛欲绝，决心为姐姐报仇雪恨。她戴着凤冠闯进了王宫，国王一下子看呆了，妹妹趁机一刀刺死了国王。然而，她也付出了生命的代价。村里的姑娘们为了纪念这对姐妹，就仿照凤冠每人缝制了一顶凤凰帽。从此，美丽的凤凰帽就成了白族姑娘们最心爱的装饰物了。

维吾尔族姑娘的“艾迪莱丝”绸

美丽热情的维吾尔族姑娘能歌善舞，而她们那身五彩斑斓的连衣裙更为她们的舞姿增添了几分热情和妩媚，成了维吾尔族姑娘的标志。维吾尔族姑娘偏爱这种衣裙，不仅是因为它们色彩艳丽，十分美观，还因为它们是由维吾尔族人民自己独

维吾尔族的“艾迪莱丝”绸
图片联盟提供

创的“艾迪莱丝”绸缝制的。这种丝绸是采用古老的扎经染色法工艺，按图案的要求，在经线上扎结进行染色的一种绸料，它质地柔滑又有坠感，五彩斑斓却色调和谐，仿佛天上的云霞，令人赏心悦目。维吾尔人誉称它“玉波甫能卡那提古丽”，即给人们带来春天气息之意。关于“艾迪莱丝”的来历，还有一个美丽的传说。相传莎车有个名叫海里曼的维吾尔族姑娘，她无依无靠，但心灵手巧，以织锦为生。快到古尔邦节了，她想要为自己织一块锦绸做裙子。于是，她采来石榴花、沙枣花、海那花，用花液染出五彩的丝线，精心纺织彩绸。经过几个昼夜的辛勤纺织，彩绸织好了，纹样粗犷奔放，色彩艳丽。可是，忽然刮起了一阵大风，把姑娘刚刚织好的彩绸吹走了。于是，她跟着风追着彩绸，一直追到了河边。彩绸在河水的上方漂浮，她再也追不到了。她低下头来暗自伤心，突然，她看到了倒影在水中的彩绸，她惊喜地发现，水中彩绸的倒影更加妙不可言。于是，海里曼日思夜想，一心要织出那漂亮的花纹。海里曼照水纹模样先扎染经线，然后织上色彩各异的纬线，异彩纷呈的水纹彩绸终于织好了。姑娘把彩绸送到裁缝阿衣先那里加工衣裙，阿衣先看上了彩绸，当天夜里，阿衣先私自带上彩绸跑到了喀什。古尔邦节的麦西来甫晚会上，人们载歌载舞，阿衣先艳丽的彩裙引来众人羡慕的眼光。有位名叫尤素甫的小伙子请阿衣先跳舞，问她彩裙是哪里买的，阿衣先谎称是自己织的。尤素甫认为她心灵手巧，打算向她求婚。海里曼独自一人在家，为失去彩绸伤心落泪。海里曼打算再织一块同样的彩绸。她赶到喀什去买丝线，正巧遇到了阿衣先，认出了彩绸裙，两人吵了起来。尤素甫无法断定是谁织的彩绸，只好让她俩重新织一次。海

苗族的花衣

里曼很快就织好了一块同样的彩绸。阿衣先只好灰溜溜地走了。尤素甫娶了心灵手巧的海里曼姑娘。海里曼把手艺传给众人，并把这种彩绸取名叫“艾迪莱丝”绸。从那时起，“艾迪莱丝”绸的织纺工艺一直流传至今。现在的维吾尔族妇女几乎每人拥有一件“艾迪莱丝”裙。

苗族的花衣

人们都说，苗族是一个“无人不穿花”的爱美民族。苗家人不仅在衣襟、衣袖、衣边、臂肩、围裙、围腰上绣着漂亮的花卉图案，就连小孩的背带、手帕和荷包等生活用品上，也都是色彩斑斓、花样繁多。总之，苗家人爱穿花衣花裙。据说苗家人的祖先原本是不穿花衣服的，他们种棉花，纺成纱，织成布，制成衣，既不染色，也不绣花，不论男女老幼，穿的都是白布衣服。那么，后来又为什么这么爱穿花衣服呢？在黔东南流传着这么一个美丽的故事：

很久以前，在苗岭山麓的一个小村寨里，有一对年轻夫妇，男的叫阿雄，女的叫阿凤。小夫妻俩相亲相爱，勤劳勇敢，日子过得很幸福。他们把周围的乡亲都当成自己的兄弟姐妹，别人有什么困难，他俩就去帮助，乡亲们也对他俩既尊重又亲

热。一天，阿雄又上山去打猎，直到太阳快下山的时候，才急匆匆地赶回来。他身上挂满了猎物，还两手不得闲，一手拿着猎枪，另一只手提着一只漂亮的飞鸟。阿雄告诉阿凤说：“这只飞鸟的名字叫‘金鸡’，是最漂亮的鸟。”阿凤接过来，仔细瞧了瞧，只见金鸡头顶上竖着一撮深蓝发亮的羽毛，毛片上端有各式金色花纹，就像戴上皇冠一样俊俏。五光十色的胸前羽毛更是美丽，每一片羽毛的花纹都像嵌上的一朵鲜花。长长的金鸡尾巴，花色更加富丽，舒展起来，五彩缤纷，潇洒自如。阿凤第一次见到这么漂亮的金鸡，真是高兴得不得了。

回到家中，阿雄催促阿凤快点端上饭菜，说肚子饿了。可是阿凤两眼盯着手上提的金鸡，呆呆的样子，不言不语。阿雄感到很惊奇，不知道是怎么一回事，便对妻子说：“阿凤呀，你有什么心事，快告诉我，只要是能办到，我想方设法也要去办好。”阿凤抬起头，望着阿雄说：“阿雄呀，我们相亲相爱，日子过得很好，我们的兄弟姐妹也过得不错，只是大家穿的衣裳色彩太单调。如果能穿上像这只金鸡一样美丽的衣裳就更好了。只可惜这只金鸡死了，要是金鸡活着，我将与它结为姐妹，学做它的衣裳，那该多好啊!”说着说着，阿凤不由难过得掉下了眼泪。听了阿凤的话语，阿雄连忙向她表示：为了实现自己心爱的妻子的美好心愿，为了使乡亲们都穿上漂亮的衣裳，他甘愿吃尽千辛万苦，也要寻找到一只活金鸡回家。

第二天一大早，阿雄便打点行装，带上干粮，上了山路。阿雄翻过一山又一山，爬过一坡又一坡，还是没见到金鸡的影子。可是，他不辞辛劳，不畏饥寒，毫不泄气地找呀找。不知不觉又爬过了几道坡，涉过了几条河，翻过了几座山，来到了一个村头。在一棵大树上，有一只喜鹊站在枝头叫个不停，好像要向阿雄报喜的样子。他走上前去问喜鹊知道什么地方有金鸡，喜鹊告诉他，再爬过一道坡，淌过一条河，翻过一座山，前面有一片小树林，就是金鸡待的地方。阿雄非常感谢喜鹊的指引，使尽力气往前赶。快要走到小树林了，他累得实在走不动了，就坐下来休息一会儿。细细算来，已经过了九九八十一天，这时候也不知爱妻在家生活得怎么样了。阿雄越想越着急，巴不得立即找到金鸡，马上回去送给妻子。想着想着，便顺手从身旁树上摘下一片叶子吹了起来。吹树叶本是阿雄的拿手戏，吹出来的声音美妙动听。他这一吹，远近树林子里的飞禽走兽都围拢来倾听。多么好听的声音呀!急驰的清风听见了，停止了吹动；飘游的白云听见了，驻足不前；百年的铁树听见了，心花怒放，可就是不见金鸡的影子。阿雄想：“金鸡呀金鸡，你在哪儿呀?难道你是铁石心肠吗?难道你真的一点都不感动吗?”他望着前面一片树林，满怀希望

的心情渐渐地投下了悲伤的阴影。就在这时候，他眼前突然一亮，只见树林边的田埂上走来一只金鸡，他高兴得一跃而起，迎着金鸡飞跑过去。临近了，他却一下子惊呆了，近在身边的不是金鸡，而是他美丽的阿凤。他立即拉住迎过来的阿凤的双手，使劲摇动着问道："阿凤呀!阿凤!你怎么变得像金鸡一个模样，现在看起来，比金鸡更美丽。"聪明伶俐的阿凤满脸喜悦地告诉阿雄："自从送走你以后，我在家里也待不住了。我想到咱们苗家会吹悦耳的木叶，会吹动听的芦笙，会唱嘹亮的山歌，会跳优美的舞蹈，就是没有漂亮的衣裳。如果有了像金鸡一样美丽的打扮，那么咱苗家人该有多快乐呀!于是，我也独自出了家门。我翻过了99道山坡，涉过了99条河水，穿过了99座森林，摘下了99片树叶，挖出了99种树根，采集了99种野果，熬成了99种颜色，再按照金鸡的羽毛染制成这样的衣服，按照金鸡的头冠编缠成现在的发式，按照金鸡的尾巴缝制成现在的裙子。"听完妻子的话，阿雄非常佩服她的顽强意志，直夸她心灵手巧。阿凤也为丈夫的真挚诚意所感动。

阿凤的一身漂亮打扮，立刻招来寨里寨外乡亲们的赞赏和羡慕。阿凤理解大家的心思，不辞劳苦地传授技艺。从此以后，苗家人再也不穿白色的衣服，人人都穿上了鲜艳美丽的花衣花裙。

主要参考文献

[1] 周汛，高春明. 中国传统服饰形制史.台北:南天书局有限公司，1998.

[2] 袁杰英. 中国历代服饰史.北京:高等教育出版社，1994.

[3] 航海. 妆匣遗珍——明清至民国时期女性传统银饰.北京:生活·读书·新知三联书店，2006.

[4] 宏宇. 服饰. 北京:宗教文化出版社，2004.

[5] 钟茂兰，范朴. 中国少数民族服饰.北京：中国纺织出版社，2006.

[6] 戴平. 中国民族服饰文化研究.上海：上海人民出版社，1994.

[7] 邓启耀. 衣装密语——中国民族服饰文化象征.成都：四川人民出版社，2005.

[8] 杨正文. 鸟纹羽衣——苗族服饰及制作技艺考察.成都：四川人民出版社，2003.

[9] 韦荣慧. 云想衣裳——中国民族服饰的风神.北京：北京大学出版社，2006.

[10] 李传珠. 传奇新疆. 北京：经济日报出版社，2006.

[11] 华梅.服饰民俗学. 北京：中国纺织出版社，2004.

[12] 赵屹，潘鲁生，孙磊，唐家路. 锦绣衣裳.济南：山东美术出版社，2005.

[13] 叶大兵，叶丽娅. 头发与发饰民俗——中国的发文化.沈阳：辽宁人民出版社，2000.

[14] 李传珠. 传奇新疆. 北京：经济日报出版社，2006.

[15] 万建中. 中国民俗通讯——生养志. 济南：山东教育出版社，2005.

[16] 袁建平. 中国古代服饰中的深衣研究. 求索，2000（2）.

[17] 尹浩英. 论汉代深衣的礼教色彩和实用功能. 云南民族大学学报（哲学社会科学版），2004，21（6）.

[18] 万棣.关于“深衣”之探索. 天津工业大学学报，2003，22（6）.

[19] 马希哲. 中国中古时期帔帛的文化史考察. 北京大学硕士研究生学位论文，2008.

[20] 潘建华. 中国云肩考析. 上海戏剧学院院报，2007（6）.

[21] 徐亚平，崔荣荣. 中国传统民间服饰品——云肩. 装饰，2005.

[22] 鲁闽，陈瑞雪. 云肩发展简考. 饰，2007（3）.

[23] 朱筱新. 帔、云肩与缦衫. 百科知识，2008.

[24] 李立新. 中国结的服饰文化内涵. 四川丝绸，2007（2）.

[25] 李立新. 中国结在传统服饰中的应用. 国际纺织导报，2007（9）.

[26] 王秀彦. 结绳技艺在服饰中的应用. 大连轻工业学院学报，1996，15（40）.

[27] 田鲁. 苗族服饰刺绣中的故土及迁徙图案纹样. 装饰，2005.

[28] 格日勒图. 从传说说起——蒙古族服饰的审美追求. 美术大观，2004.

[29] 李玉琴. 藏族服饰吉祥文化特征刍论. 四川师范大学学报（社会科学版），2007.

[30] 侯妹慧. 传统虎形儿童服饰的文化功能解读. 凯里学院学报，2007.